UG NX8.0 三维造型技能

宁佶　赵靖　编著

东南大学出版社

·南京·

图书在版编目（CIP）数据

UG NX8.0三维造型技能／宁佶，赵靖编著．—南京：东南大学出版社，2014.1
ISBN 978-7-5641-4745-7

Ⅰ．①U⋯　Ⅱ．①宁⋯　②赵⋯　Ⅲ．①计算机辅助设计—应用软件　Ⅳ．①TP391.72

中国版本图书馆CIP数据核字（2014）第011685号

UG NX8.0三维造型技能

出版发行：	东南大学出版社	
社　　址：	南京市四牌楼2号	
邮　　编：	210096	
出 版 人：	江建中	
网　　址：	http://www.seupress.com	
电子邮箱：	press@seupress.com	
电　　话：	025-83793191（发行）	
经　　销：	全国各地新华书店	
印　　刷：	江苏凤凰盐城印刷有限公司	
开　　本：	787mm×1092mm　1/16	
印　　张：	16.5	
字　　数：	396千字	
版　　次：	2014年1月第1版	
印　　次：	2014年1月第1次印刷	
书　　号：	ISBN 978-7-5641-4745-7	
定　　价：	48.00元（附光盘）	

*本社图书若有印装质量问题，请直接与营销部联系，电话：025-83791830。

前　言

UG 作为当前最为流行的 CAD 软件之一，广泛运用于计算机辅助设计、工程分析、机械加工、产品造型、模具制造等领域。UG 的三维造型功能为计算机辅助设计提供了强大的技术保证。

有很多读者在学习完一些书籍后感觉是会了，但还是无法完成造型。这是因为目前市面上的很多书籍都是注重理论知识的讲解而忽视了软件的使用技巧和使用方法的讲解，三维造型的掌握是要通过不断学习和摸索的，每个熟练的高手都是通过不断完成和挑战越来越高的难度才磨练出来的。

一、注重实践

初学者经常碰到的问题是单个命令的使用方法掌握了，但是遇到实际操作时不明白如何把一系列命令组合起来使用。本书总结了三维造型中最常用的技巧和方法，将这些方法通过实例的形式表现出来，读者可以通过模仿书中提供的教学实例快速地提高 NX 软件的三维造型能力。

二、知识点突出

本书放弃了很多书籍采用的命令手册的编写方式，而是把重点放在了软件的使用方法和使用技巧上面。UG 这个软件已经非常的人性化了，对每个命令系统都给出了功能解释，读者完全没有必要跟着书本来学习了解命令的功能。

书中首先介绍了 UG 软件的基础操作功能和软件操作思路，对于对象操作、基准平面、坐标系统这些非常重要的辅助功能进行了详细的介绍，然后有选择性地介绍了操作当中不容易掌握的命令，最后重点介绍了二维图形和三维造型的构建流程，并且对每个实例都经过了精心的挑选，完成的方法也经过完善的设计，力求做到从易到难、融会贯通。而且所介绍的操作技巧都是实际工作的实战经验，尽量使读者在学习过程中少走弯路。

三、图形为主、通俗易懂、易于上手

NX 的很多技巧和功能用文字说得再清楚，也没有一张实例图来得明白，本书从命令的介绍到实例的操作流程全部采用实例图的形式进行讲解，非常方便初学者进行学习理解，对于初学者及具有一定操作经验的读者而言，经过学习本书同时按照书中的操作步骤一步步完成书中的实例，一定可以在短时间内掌握 UG 三维造型的精髓。

本书尽量做到精益求精，但是由于编者水平有限，难免出现错漏，希望广大读者批评指正，我的联系邮箱是 52247488@qq.com。

编者

2013.10

目　录

第 1 章　UG NX8.0 概述

　　UG（Unigraphics NX）是 Siemens PLM Software 公司出品的一个产品工程解决方案，它为用户的产品设计及加工过程提供了数字化造型和验证手段。Unigraphics NX 针对用户的虚拟产品设计和工艺设计的需求，提供了经过实践验证的解决方案。这是一个交互式 CAD/CAM（计算机辅助设计与计算机辅助制造）系统，它功能强大，可以轻松实现各种复杂实体及造型的建构。它在诞生之初主要基于工作站，但随着 PC 硬件的发展和个人用户的迅速增加，在 PC 上的应用取得了迅猛的增长，目前 UG 软件已经成为制造业三维设计的一个主流应用。

本章重点
- UG 建模的特点
- 软件的界面
- 个性化工作环境

1.1　UG 建模综述

　　UG 是当今最先进的计算机辅助设计、分析和制造软件，被广泛地应用于航空航天、汽车、造船、通用机械和电子等工业领域。UG 采用基于约束的特征建模和传统的几何建模为一体的复合建模技术，同时还加入了方便的同步建模功能，可以完成包括自由曲面在内的各种复杂模型的创建。

　　UG 建模具有以下特点：

　　（1）强大的二维草图功能，多样化的约束条件方便设计人员在草图模块里快捷的完成各种复杂二维图形的创建与编辑。

　　（2）在完成草图轮廓设计的基础上，运用实体设计模块的各种工具（如：拉伸、回转、抽壳、拔模等）来完成精确三维零件建模过程。

　　（3）实体设计以草图轮廓为基础，实体设计、草图设计两个模块交互使用，方便随时对实体零件的各个尺寸进行参数化的修改。

　　（4）可以用草图设计、曲线工具完成各种空间自由曲线的生成和编辑，再结合特征建模、曲面建模等复合建模技术，将实体建模、曲面建模、线框建模、几何建模与参数化建模等建模技术融于一体。

　　（5）具有统一的数据库，实现了 CAD/CAM/CAE 等模块之间的无缝数据交换。

　　（6）可以方便地从三维实体模型直接生成二维工程图，可以按照 ISO 标准生成各种剖视图，以及标注尺寸、形位公差和汉字说明等。

1.2　工作环境

打开 UG 工作窗口，如图 1-1 所示。

导航器　　　标题栏　　菜单栏　　过滤及捕捉工具栏　自定义工具栏　　工具栏

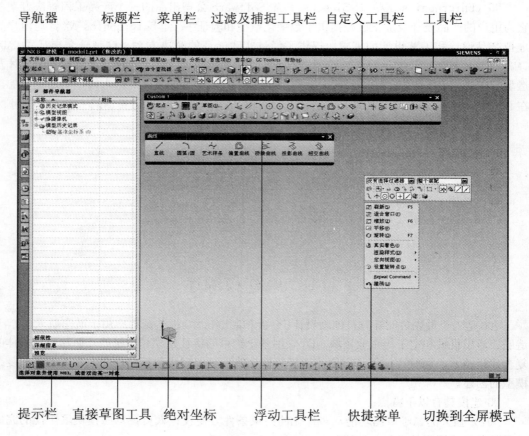

提示栏　　直接草图工具　　绝对坐标　　浮动工具栏　　快捷菜单　　切换到全屏模式

图 1-1　工作窗口

1）导航器

UG 软件有不同的操作模块，对于不同的模块就有相应的导航器，比如在建模过程中导航器可以记录下每步的操作顺序和操作参数，并能对各步的参数进行单独调整，而装配导航器里则可以显示每个装配部件及相互之间的约束关系。

2）标题栏

显示软件版本以及当前的模块和文件名等信息。

3）菜单栏

菜单栏包含了本软件的主要功能，系统的所有命令和设置选项都归属到不同菜单下，它们分别是：文件菜单、编辑菜单、视图菜单、插入菜单、格式菜单、工具菜单、装配菜单、信息菜单、分析菜单、首选项菜单、窗口菜单、CG 工具箱和帮助菜单。

4）工具栏

工具栏中的命令是以图形的方式表示命令功能，所有操作命令都可以在对应的菜单条中找到相应的命令，设计者可以根据使用需要选择性地打开常用的工具条。

5）过滤及捕捉工具栏

（1）过滤功能：UG 使用过程中经常需要选取相关的操作对象，因此对象的选取操作是 UG 中最为常用的基本功能。UG 系统提供了多种通过限制选择对象类型和设置过滤器的方法来实现快速选择对象。

（2）捕捉功能：这个功能和其他的 CAD 类软件相类似，使用对象捕捉可以精确定位，使用户在绘图过程中直接利用光标来准确地确定目标点，如圆心、端点、垂足等等。

6）自定义工具栏

UG 是一个功能非常强大的软件，操作命令非常多，而且命令是分类放置在不同的工具条上的，如果把所有的命令条都打开那么屏幕上的工作区域就会非常小，设计者通常会把使用频繁的命令留在屏幕上，自定义工具栏的作用就是使用者根据各自操作习惯把常用的工具命令组成一个单独的工具条留在屏幕上。

7）提示栏

提示栏用来提示用户如何操作。执行每个命令时，系统都会在提示栏中显示用户需要执行的下一步操作。对于用户不熟悉的命令，利用提示栏帮助，都可以顺利完成操作。

8）直接草图工具

UG 的特征建模是在草图轮廓的基础上完成的，在以前的版本里草图绘制要有一个新建草图的步骤，从 7.5 版本以后加入了直接草图工具条，运行这些草图命令，就可以直接开始绘制草图。

9）绝对坐标

UG 中的坐标系分为工作坐标系（WCS）和绝对坐标系（ACS），其中工作坐标系是用户在建模时直接应用的坐标系，绝对坐标系是系统空间的坐标系，视图的操作就是以绝对坐标系为参考的。

10）浮动工具栏

UG 的各种命令按功能划分在不同的工具条里，操作者可以选择性地打开或关闭这些工具条，同时把这些工具条浮动摆放在屏幕任意位置。

11）快捷菜单

快捷菜单栏在工作区中右击鼠标即可打开，其中含有一些常用命令及视图控制命令，以方便绘图工作。

12）切换到全屏模式

如图 1-2 所示全屏模式的菜单栏比较少，界面很简洁，工作区域很充分，有利于提高工作效率。

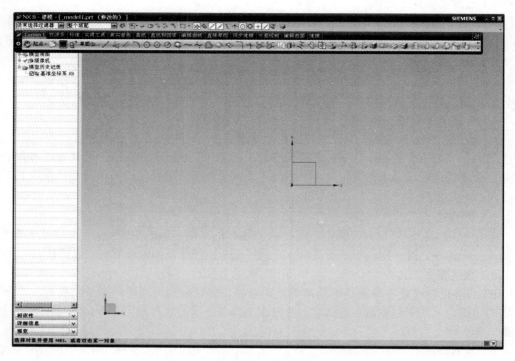

图 1-2　全屏模式工作窗口

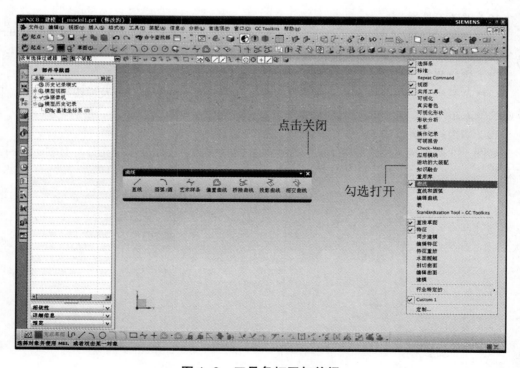

图 1-3　工具条打开与关闭

1.3　定制软件环境

1.3.1　打开和关闭工具条

UG 的工具条根据需要可以有选择地打开和关闭，在工具栏空白处的任意位置右击鼠标，调出菜单条定制对话框，在这里可以勾选打开各种功能的工具条（如图 1-3）。

1.3.2　工具条的定制

UG 的工具条在打开以后，不是所有命令全在工具条里了，系统只把使用频率高的命令打开了，还有很多命令需要使用者自行打开。UG 为每个命令都标注了命令名称，这对初学者是非常有帮助的，但是这些说明太占屏幕空间了，其实当光标停留在命令图标上时，图标下方就会自动给出这个命令的使用说明（如图 1-4a），使用者可以关闭图标下方的命令名称来获得更大的工作空间（如图 1-4b）。

a. 光标停留在命令图标上给出功能说明

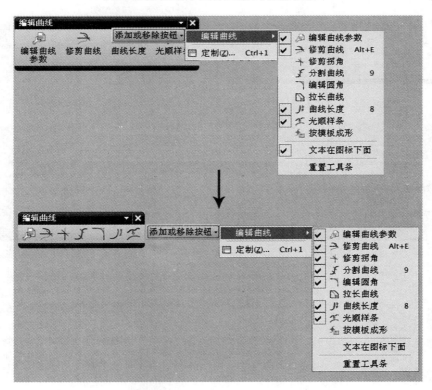

b. 打开隐藏工具条并关闭图标下方文本

图 1-4　工具条的定制

1.3.3　自定义工具条

　　UG 中的工具栏可以为用户工作提供方便，但是进入应用模块之后，UG 只会显示默认的工具栏图标设置，用户可以根据自己的习惯定制独特风格的工具栏。

　　执行【工具】→【定制】命令，或者在工具栏空白处的任意位置右击鼠标，从弹出的菜单（如图 1-3 所示）中选择【定制】项就可以打开定制对话框（如图 1-5a）。对话框中有 5 个功能标签选项：工具条、命令、选项、布局和角色。单击相应的标签后，对话框会随之显示对应的选项卡，即可进行工具栏的定制，完成后执行对话框下方的【关闭】命令即可退出对话框。

　　设置自定义工具条的流程如图 1-5 所示。

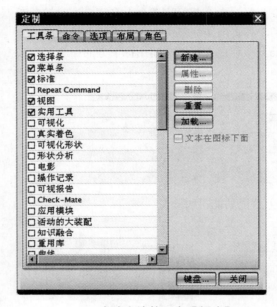

a. 点选右边第一个【新建】

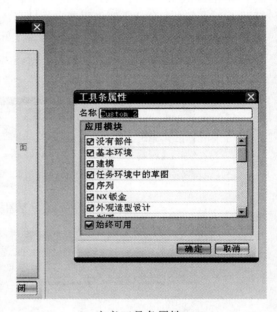

b. 定义工具条属性

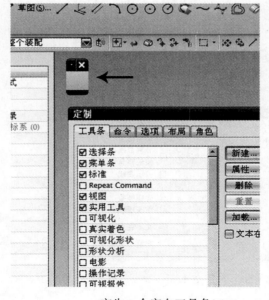

c. 产生一个空白工具条

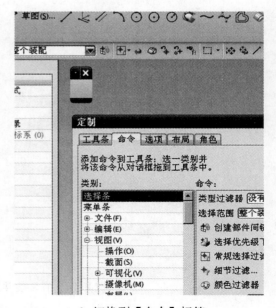

d. 切换到【命令】标签

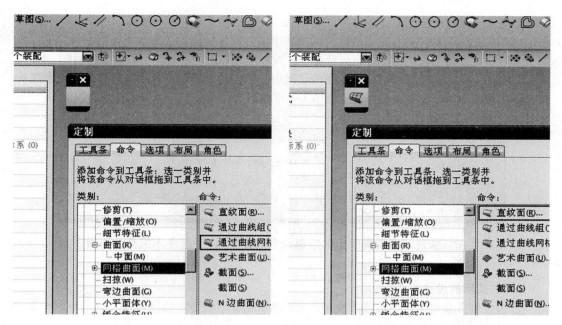

e. 找到需要添加的命令图标　　　　　f. 把图标拖到空白工具条里

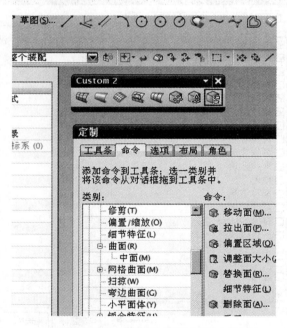

g. 继续拖动命令图标直到完成工具条

图 1-5　自定义工具条流程

1.3.4 自定义快捷键

快捷键是提高软件操作效率最有力的操作手法，有了快捷键使用者就不用去屏幕上点击命令图标，直接按下快捷键就可以执行命令，键盘和鼠标结合使用能节省大量的时间。UG 系统为常用的命令指定了快捷键。对于系统已经设定了快捷键的命令，当光标停留在命令图标上时，就会显示出该命令的快捷键（如图 1-6）。

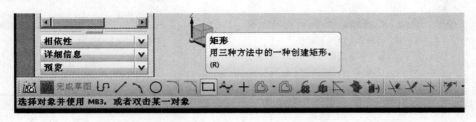

图 1-6　快速草图工具条里的矩形命令快捷键为"R"（不区分大小写）

1）快捷键的设置方法

很多使用者会根据自身习惯修改和设置新的快捷键，快捷键的设置方法如图 1-7 所示。

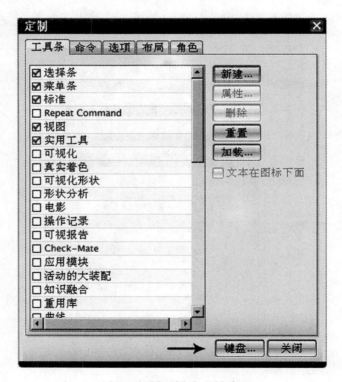

a. 打开定制面板选"键盘"

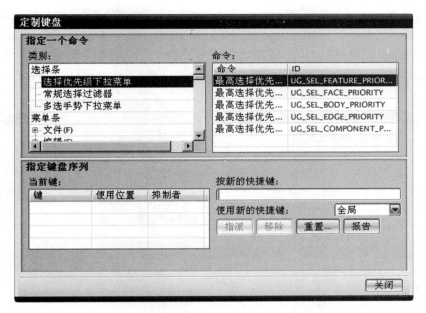

b. 进入到定制键盘对话框

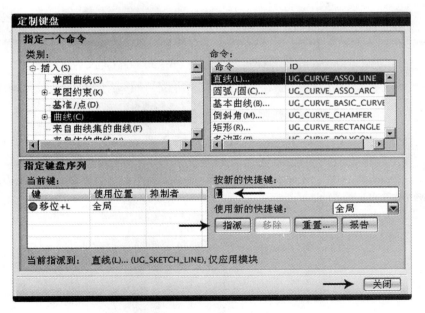

c. 找到需要定义快捷键的命令完成定义过程

图 1-7　自定义快捷键的流程

2）快捷键的拷贝

使用者经常会碰到这样的情况，在自己的电脑上用习惯了自己设置的快捷键和自己定义的工具条面板，当换了一台电脑以后快捷键和工具条全变了，就感觉自己不会画图了，使用起来非常不顺手。这时使用者就可以把自己的快捷键和工具条的设置存储为一个文件，当更换使用电脑时只要把这个文件拷贝到新电脑里，用 UG 调入这个文件就可以了。操作流程如图 1-8 所示。

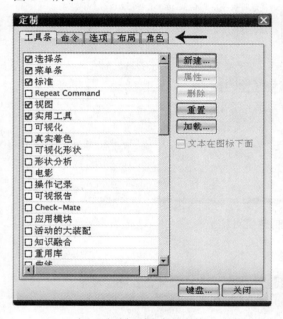

a. 打开定制面板选"角色"标签

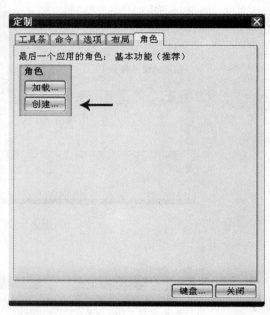

b. 将自定义内容创建成文件

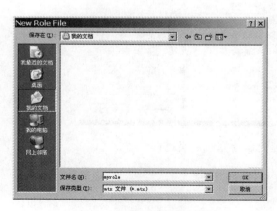

c. 指定存储文件

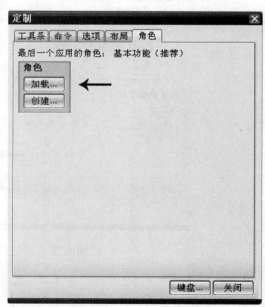

d. 将自定义文件加载

图 1-8　角色创建和加载

第 2 章　UG NX8.0 基础操作

在正式使用 UG NX8.0 进行模型操作之前，需要了解 UG 软件的一些操作规则、思路、技巧，只有了解了软件的全局使用方法，在建模时才会有明确的设计和修改思路。

本章重点
- 文件操作
- 对象操作
- 图层操作
- 基准平面操作
- 坐标系操作
- 导航器操作
- 对话框操作

2.1　文件操作

点击 NX8.0 的图标后，开始运行 NX8.0 软件，进入软件界面，如图 2-1 所示。

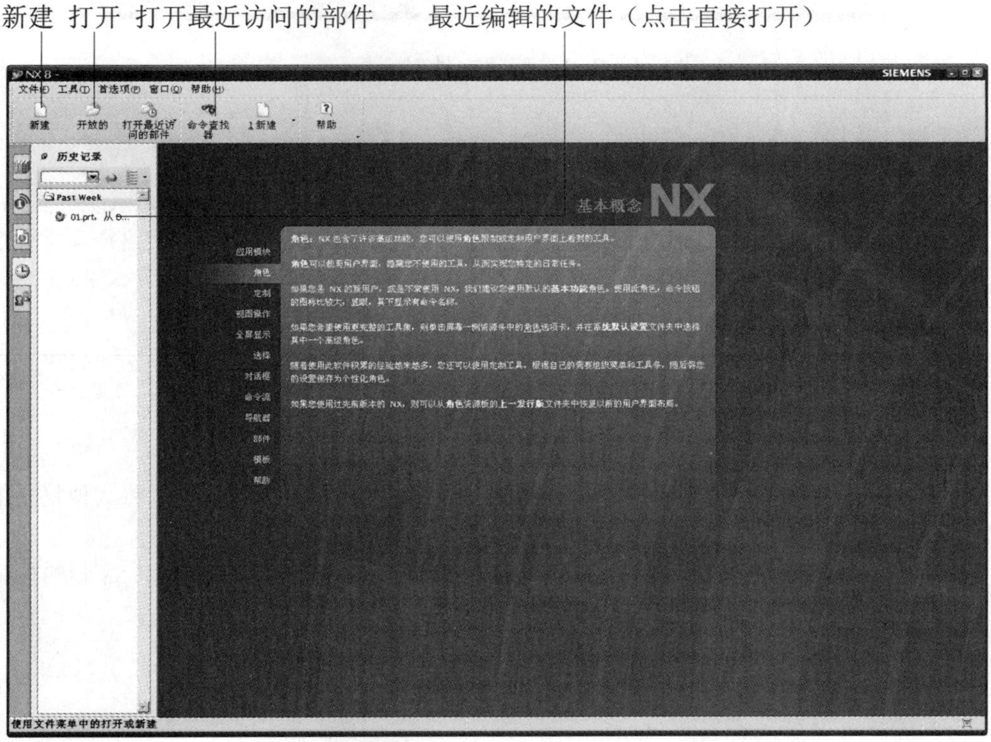

新建　打开　打开最近访问的部件　　最近编辑的文件（点击直接打开）

图 2-1　NX 软件的启动界面

（1）新建：进入新建文件对话框（如图2-2）后选择所需要的功能模块，指定文件存放的目录和文件名，最后点"确定"。

（2）打开现有文件：打开硬盘里存储的 NX 文件。

（3）打开最近访问的部件：这个功能方便使用者快速打开上次编辑的文件。

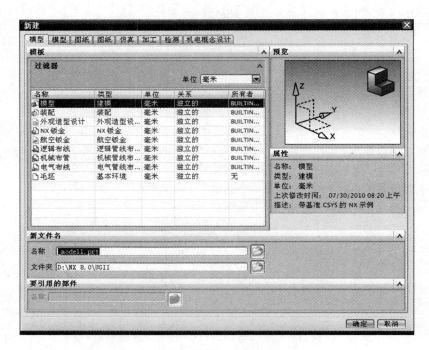

图 2-2　新建文件对话框

> 注意：
> UG 不支持中文路径以及中文文件名，文件名和路径都要是英文，否则系统会认为无效文件。NX8.0 有部分测试版已经做出了这方面的优化，可以实现使用中文路径和文件名，但是系统运行稳定性降低，NX8.5 正式版也不支持中文路径，可能在下个版本里这个问题会得到解决。

（4）保存：从菜单栏【文件】→【保存】。

（5）关闭：从菜单栏【文件】→【关闭】（如图2-3）。

（6）导入：从菜单栏【文件】→【导入】（如图2-4）。这个功能可以将其他格式的数据文件用 NX 打开，大大提高了 CAD 数据的共用性。

（7）导出：从菜单栏【文件】→【导出】（如图2-5）。这个功能是将 NX 画的模型存贮为其他的格式，方便其他的 CAD 软件能够打开。

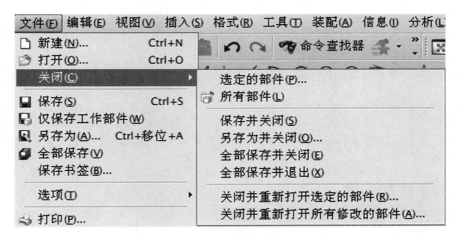

图 2-3　文件的关闭

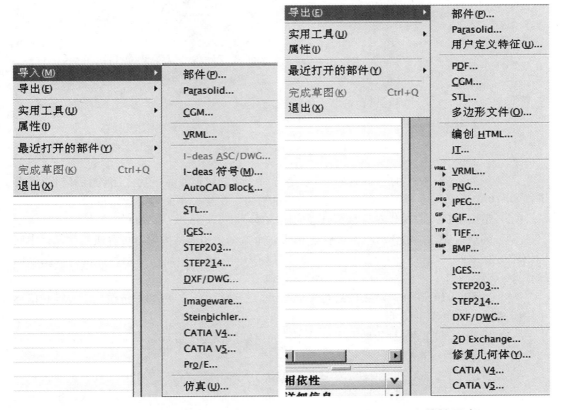

图 2-4　文件的导入　　　　　　　　　图 2-5　文件的导出

2.2 对象操作

UG 建模过程就是对象操作过程，组成模型的点、线、曲线、面、实体等元素都称为对象。

2.2.1 观察对象

要编辑对象首先要观察对象，观察对象可以通过单击鼠标右键调出快捷菜单（如图2-6a），这里的部分命令可以方便的观察对象。还可以长按鼠标右键打开一个图标模式的快捷工具条（如图 2-6b）。

a. 快捷菜单

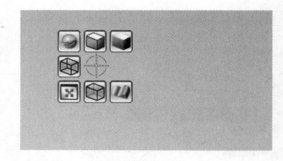

b. 快捷工具条

图 2-6　观察对象工具

（1）刷新：NX 在使用过程中操作对象是不断变化的，但是系统为了节约计算机资源并不是实时更新屏幕的，刷新功能可以把窗口里的对象、坐标、平面等更新显示。

（2）适合窗口：将操作对象全部且最大化地显示在工作区域窗口里。

（3）缩放：实时缩放工作区域视图，由于这个命令使用非常频繁，可直接滑动鼠标中间的滚轮进行缩放；也可以同时按住 Ctrl 键和鼠标中间的滚轮，然后移动鼠标进行视图缩放操作。

（4）平移：只对工作区域视图进行平面移动，不进行缩放，可同时按住 Shift 键和鼠标中间的滚轮，然后移动鼠标进行视图平移操作。

（5）旋转：对视图进行旋转，方便从不同角度观察模型，可按住鼠标中间的滚轮，然后移动鼠标进行视图旋转操作。

（6）真实着色：NX 的一种显示模式，模型做了简单的灯光渲染（如图 2-7）。

（7）渲染样式：渲染样式就是模型在工作窗口的显示形式，不同的显式形式占用计算机资源不同，显示效果也不同，使用者可以根据实际需要进行切换（如图 2-8）。

（8）定向视图：从不同的方向和角度观察模型（如图 2-9）。

（9）设置旋转点：用鼠标定义一个点，然后旋转模型，以方便观察。

使用者也可以通过菜单栏的【视图】→【操作】或通过视图工具条（如图 2-10）进行相关的操作。

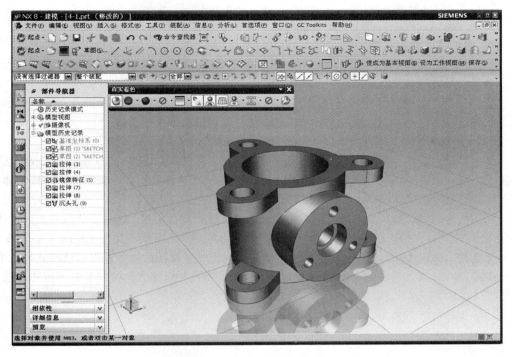

图 2-7　真实着色模式

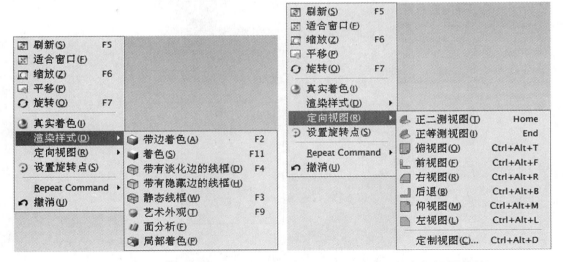

图 2-8　渲染样式菜单　　　　　　　图 2-9　定向视图菜单

图 2-10　视图操作工具条

2.2.2　选择对象

模型的编辑过程中需要不断的选择对象，NX 提供了多种方法方便使用者选择对象。

1）通过鼠标选择对象

（1）框选：按下鼠标左键移动鼠标，以对角形式在工作区域拉出一个矩形框，然后松开鼠标，完全框中的对象就会被选中（如图 2-11）。

（2）点选：当光标靠近视图中的对象时，对象会高亮显示（如图 2-12a），并且提示将要选择对象的名称，单击鼠标左键就可以选中这个对象（如图 2-12b）。

（3）多选：连续多次点选或多次框选多个对象就可以了。

（4）减选：当多个物体处于选中状态时想把其中一些物体从选取状态变成未选取状态，可在按下 Shift 键的同时用框选或点选命令选取需要放弃选择的物体，就可以使这些物体从选取状态变成未选取状态。

（5）快速选择：当多个对象连在一起时鼠标点选操作就会出错，这时不要急着点选物体，当光标停滞一会后会发现光标的形状变为一个十字形加三个小方块（如图 12-13a），再单击鼠标左键调出快速选择对话框（如图 12-13b），框内把光标周围的物体都以表格形式列出来，光标指向表内对象时相应的对象就会高亮显示，使用者只要点击表里的对象就可以实现选取操作了（如图 12-13）。

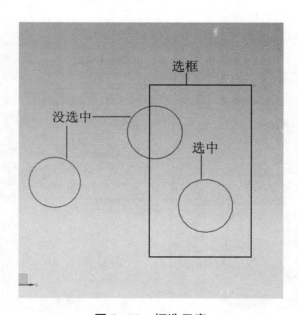

图 2-11　框选示意

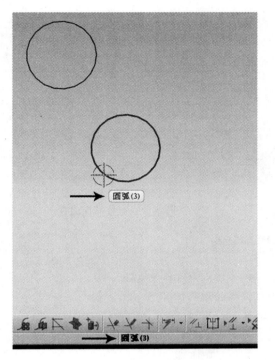

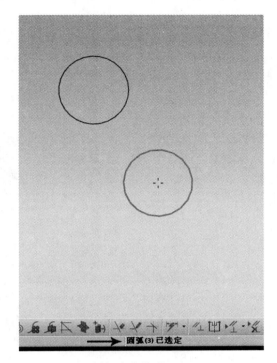

a. 光标靠近对象   b. 点击选取物体

图 2-12 点选示意

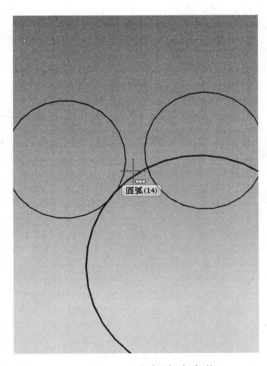

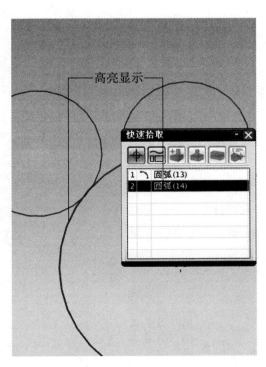

a. 光标产生变化   b. 出现对话框

图 2-13 快速选择

2）选择工具条

NX 可以完成非常复杂的模型，模型当中有很多不同的对象需要编辑，使用者可以打开选择工具条（如图2-14）来提高工作效率，也可以单击鼠标右键调出快捷菜单里的选择工具条。

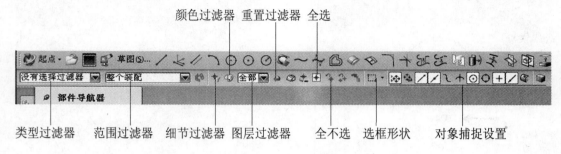

图 2-14　选择工具条

（1）类型过滤器：指定选择对象的类型，提高操作效率（如图 2-15）。

（2）范围过滤器：指定选择对象的范围，提高操作效率（如图 2-16）。

（3）细节过滤器：设定对象细节，只有达到细节要求的对象才会被选中（如图 2-17）。

（4）颜色过滤器：指定一个或多个颜色，只有当对象的颜色与指定的颜色相同才会被选中（如图 2-18）。

（5）图层过滤器：只有处于指定图层内的对象才会被选中（如图 2-19）。

（6）重置过滤器：使过滤器回到初始状态。

（7）全选：所有符合过滤器要求的对象全被选中。

（8）全不选：所有对象都不选取。

（9）选框形状：鼠标选择对象时选框的形状的设定，有矩形和套索两种（如图 2-20）。

（10）对象捕捉设置：使用者在绘图过程中可直接利用光标来准确地确定目标点，如圆心、端点、垂足等等，对象捕捉设置就是设定哪种类型的点会被捕捉到，哪种不会被捕捉到，其中高亮显示的点类型就是参与捕捉的类型（如图 2-21），用法如图 2-22 所示。

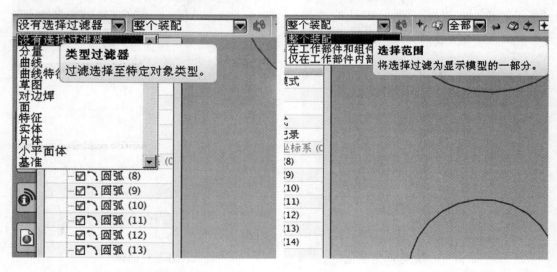

图 2-15　类型过滤器　　　　　　　　　　　图 2-16　范围过滤器

图 2-17　细节过滤器

图 2-18　颜色过滤器

图 2-19　图层过滤器

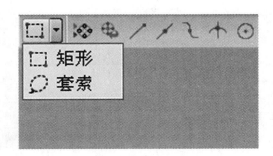

图 2-20　选框形状

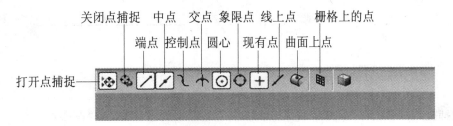

图 2-21　捕捉类型

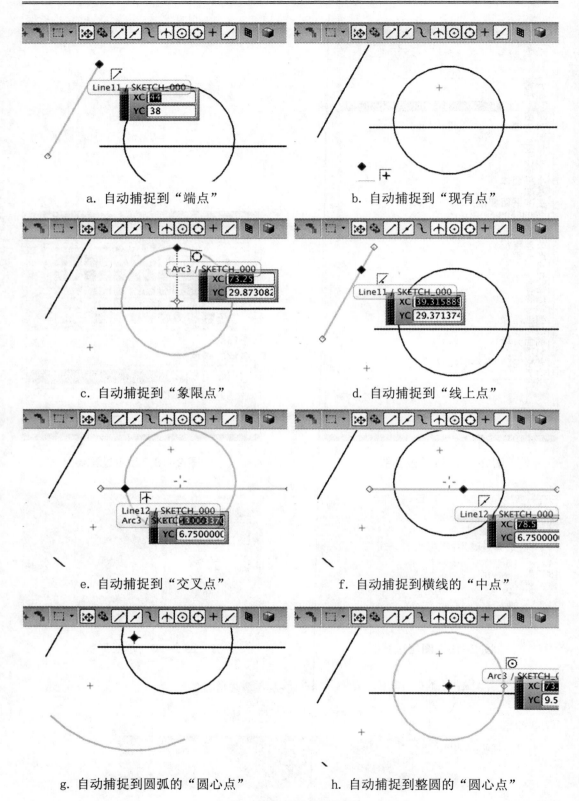

a. 自动捕捉到"端点"

b. 自动捕捉到"现有点"

c. 自动捕捉到"象限点"

d. 自动捕捉到"线上点"

e. 自动捕捉到"交叉点"

f. 自动捕捉到横线的"中点"

g. 自动捕捉到圆弧的"圆心点"

h. 自动捕捉到整圆的"圆心点"

图2-22　捕捉的用法

（11）曲线规则：定义如何选择并标记曲线的功能（如图 2-23），操作者可以根据需要进行不同的定义（如图 2-24）。

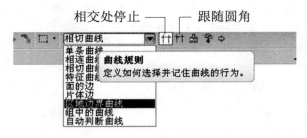

图 2-23　指定曲线规则

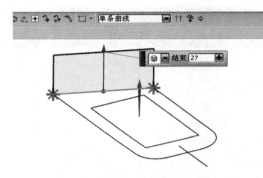

a. 针对单条曲线进行操作

b. 针对相连曲线进行操作

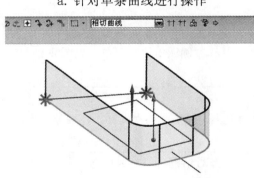

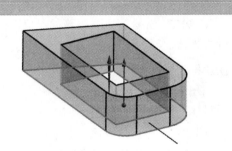

c. 针对相切曲线进行操作

d. 针对区域边界曲线进行操作

e. 针对单条曲线且在相交处停止进行操作

图 2-24　各种曲线规则的效果

2.2.3 显示和隐藏对象

当工作区域里的对象很多时，使用者可以选择性地隐藏部分暂时不用的对象，在需要时再把这些对象显示出来，可操作对象包括草图、曲线、坐标、图标、基准面、平面等。

执行隐藏和显示操作可以通过菜单栏【编辑】→【显示和隐藏】（如图 2-25a），或实用工具条上的功能图标（如图 2-25b）。

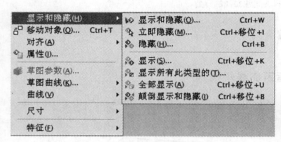

a. 菜单栏　　　　　　　　　　　　　b. 实用工具条

图 2-25　显示和隐藏工具

（1）显示和隐藏：该命令是针对不同类型的对象进行操作，执行后会打开一个对话框（如图 2-26），通过点击对话框里的"＋""－"控制对象的显示和隐藏。

（2）立即隐藏：执行后打开一个对话框（如图 2-27），对话框打开后再选取对象，被选中的对象会立即隐藏，支持连续选择。

（3）隐藏：有三种操作方法

用法一：先选择需要隐藏的对象再执行该命令，选中的对象将会被隐藏起来。

用法二：先选择需要隐藏的对象，在对象上单击鼠标右键调出快捷菜单（如图 2-28），执行隐藏操作。

> 注意：
> 　用法二的隐藏操作是在对象上单击鼠标右键调出快捷菜单，如果鼠标不在对象上调出的快捷菜单将会不同。

用法三：先调出类选择对话框（如图 2-29），类选择对话框可以完成单选、多选、类选、反选、过滤选等操作，被选中的对象会隐藏起来。

（4）显示：调出类选择对话框（如图 2-29）的同时被隐藏的物体全部显示，显示的物体全部隐藏起来，执行完类选择以后被选中的物体恢复到显示状态，没有选中的物体继续隐藏。

（5）显示所有此类型的：执行该命令调出一个五种类型过滤方式的对话框（如图 2-30），选中某种类型使此类型对象重新被显示出来。

（6）全部显示：重新显示可见图层上的所有对象。

（7）颠倒显示和隐藏：执行该命令后显示的对象将会被隐藏，隐藏的对象将会被显示。

> 注意：
> 　如果图层是不可见的，以上能够显示对象的操作并不能显示出这些图层上的对象。

图 2-26　显示和隐藏对话框

图 2-27　立即隐藏对话框

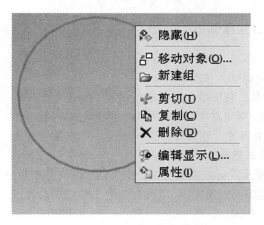

图 2-28　隐藏快捷菜单

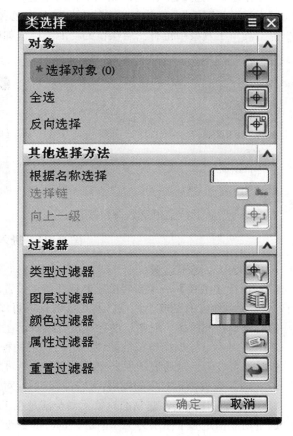

图 2-29　类选择对话框

图 2-30　类选择方式对话框

2.3 图层操作

NX 系统有强大的图层功能，本节将介绍 UG 图层操作的部分功能。图层在 UG 建模时可以方便区分各实体、建立实体时所制作的辅助线、面、基准平面等对象。不同元素放在不同的图层中，可以通过对图层的操作来对同一类元素进行共同操作。NX 程序提供了 256 个图层供用户使用，应用图层对用户的绘图工作将有很大的帮助。在一个部件的所有层中只有一个是工作层，当前的操作也只能在工作层中进行，而其他的层可以对其进行可见性、可选择性操作。单击【格式】菜单在弹出的下拉菜单中包含了对图层的各种操作（如图 2-31a），在"实用工具"工具条中也有图层操作的功能图标（如图 2-31b）。

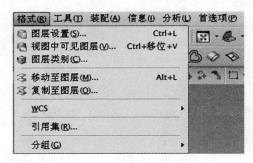

　　　　a. 从下拉菜单进入图层操作　　　　　　　　　b. 从工具条进入图层操作

图 2-31　进入图层操作

2.3.1　图层设置

执行【格式】→【图层设置】打开图层设置对话框（如图 2-32）。

NX 系统共有 256 个图层，利用该对话框可以对所有层或任意层进行设置，并进行图层的信息查询，同时也可对图层的种类进行编辑。在 NX 中可对相应的图层分类管理，以提高工作效率。用户可以根据自己的习惯来进行图层的种类设置。当需要对某一图层中的对象进行操作时，可以方便地通过图层来实现对其中各个对象的选择。

（1）查找来自对象的图层：选择对象后，对象元素所处的图层就会高亮显示以方便查找。

（2）工作图层：建立的对象元素全部是在工作图层上的，NX 只会有一个工作图层，通过这个功能指定哪个图层为工作图层，也可以更改工作图层。

（3）名称

选取状态：此图层内的对象可以编辑；

未选状态：此图层内的对象不可编辑。

（4）仅可见

选取状态：此图层内的对象可以在工作区域显示出来，能够执行"显示和隐藏"操作。

未选状态：此图层内的对象不可见，不参与"显示和隐藏"操作。

（5）对象数：图层里对象元素的数量。

（6）类别：此图层的类别，使用者可以在图层列表上单击鼠标右键调出快捷菜单进行调整（如图 2-33）。

（7）显示：这个选项有一个下拉菜单（如图 2-34），通过不同的选项来控制哪些图层会在列表中显示出来。

2.3.2　图层间操作

NX 建模有很多是参数化和束约相结合的，编辑过程有很多对象是不能删除但又需要隐藏的，还有一些对象是需要反复调用调整的，这时使用者就可以将不同的对象元素放置在不同属性的图层当中来提高建模效率。

（1）移动至图层：从菜单栏执行【格式】→【移动至图层】（如图 2-31a），此命令可以将对象元素从一个图层移动到另一个图层，这个功能把暂时不用的对象移到隐藏图层中去。

（2）复制至图层：从菜单栏执行【格式】→【复制至图层】（如图 2-31a），此命令可以将对象元素从一个图层复制到另一个图层，这个功能可以先备份对象以防止编辑失误。

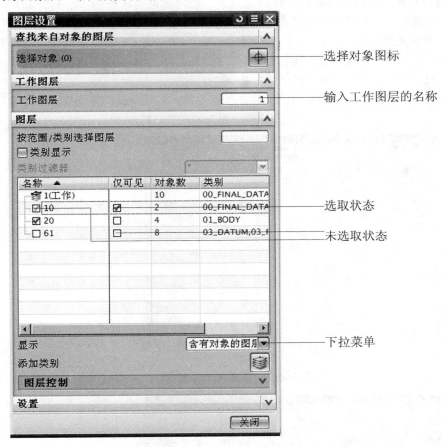

图 2-32　图层设置对话框

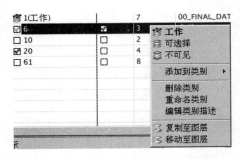

图 2-33　图层列表的快捷菜单

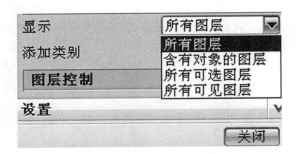

图 2-34　显示选项的下拉菜单

2.4　基准平面操作

　　NX 的基本平面是我们绘图的基本条件，在建模过程中每一个对象都要有一个参照物，好比房子要建在地基上，画画要画在画纸上一样，要进入到草绘中绘图，首先就要指定一个基准平面才能创建草绘。也可以选择现有零件的表面来绘图。

2.4.1　使用系统默认基准平面

　　当使用者新建一个模型文件后，NX 就会产生一个"基准坐标系"（如图 2-35），这个基准坐标系里就有三个基准平面分别是 XY 平面、ZX 平面、ZY 平面。

　　（1）在默认基准平面上创建草图：在场景中加入新的草图元素时，系统会让使用者先确定一个基准平面，当光标接近基准坐标系图标时最接近的一个基准平面将会高亮显示，使用者单击相应的红色线框确定基准平面（如图 2-36）。

　　（2）在默认基准平面上创建曲线元素：在场景中加入直线、圆、样条等曲线元素时，如果没有捕捉空间点，就默认以 XY 平面为基准平面（如图 2-37）。

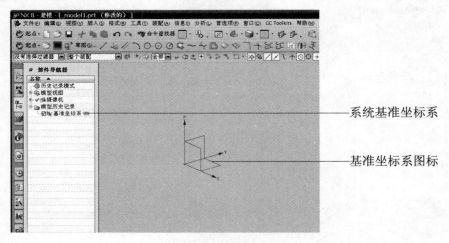

图 2-35　基准坐标系图标

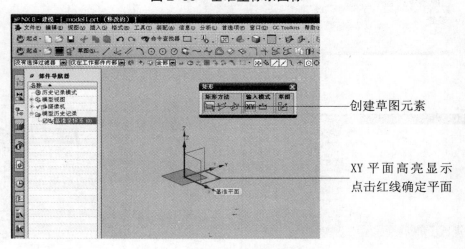

图 2-36　确定基准坐标系

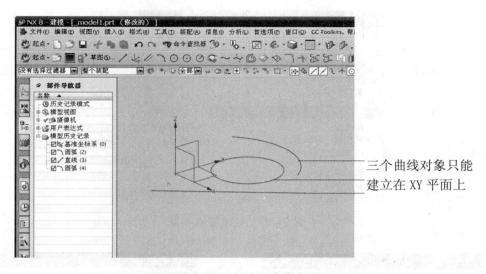

图 2-37　默认状态下新建的元素全部在 XY 平面上

2.4.2 指定模型表面为基准平面

NX 可以指定现有模型的某个表面为基准平面，就可以直接在此基准平面上创建新的草图。当光标接近模型表面时最接近的一个表面将会高亮显示，使用者单击高亮的表面确定其为基准平面（如图 2-38）。

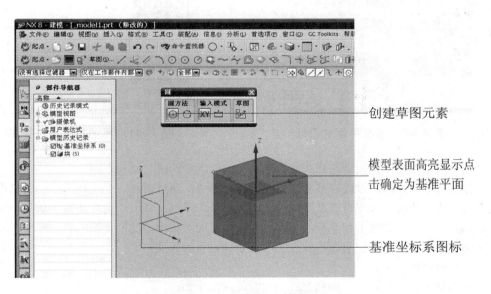

图 2-38　以物体表面为基准平面

2.4.3 新建基准平面

除了上面两种基准平面，使用者可以方便地在空间建立新的基准平面，可以通过菜单栏【插入】→【基准／点】→【基准平面】（如图 2-39），调出基准平面对话框（如图 2-40），点击下拉菜单调出功能列表（如图 2-41）。

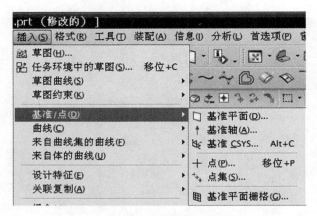

图 2-39　新建基准平面

图 2-40　基准平面对话框

图 2-41　平面类型下拉菜单

（1）自动判断：用光标选择系统中已存在的基准平面或对象的表面。

（2）按某一距离：以现有基准平面或平面为参考，通过偏移一个距离值得到新的平面。

（3）成一角度：以现有基准平面或平面为参考，通过旋转一个角度值得到新的平面。

（4）二等分：在两个相平行的基准平面或平面的对称中心处创建新的基准平面。

（5）曲线和点：以空间曲线和点的组合来确定新的基准平面。

（6）两直线

两直线在同一平面时，由两直线确定新的基准平面；

两直线不在同一平面时，新的基准平面通过第一条直线且平行于第二条直线。

（7）相切：新基准平面与一曲面相切，且通过某一参考元素（点、线、面）。

（8）通过对象：以对象平面为基准平面。

（9）点和方向：指定一个点，同时再指定一个平面的矢量方向来确定新的基准平面。

（10）直接以 XY、ZX、ZY 平面为基准平面。

（11）视图平面：以工作区域的视图角度为基准直接创建基准平面，基准平面通过原点。

2.5　坐标系操作

建模需要有一个参考才可以，这个参考就是坐标系。在 NX 建模环境中共有 3 个坐标系：绝对坐标系（ACS）、工作坐标系（WCS）、基准坐标系（CSYS）。

2.5.1　绝对坐标系（ACS）

NX 软件有一个系统的绘图参考点和参考方向，这个参考点和参考方向就是绝对坐标系。它的原点在屏幕的中心，绝对坐标系不可改变，它是由 NX 系统内核生成，不可移动和编辑，不只是对单个 NX 文件绝对坐标系是一样的，其他 NX 文件的绝对坐标系也是同样的概念，这就为装配提供了方便。

绝对坐标系在工作区域有一个图标（如图 2-42），双击这个图标上的 X、Y、Z 轴中的任一个会出现一个修改角度的对话框（如图 2-43），这里修改角度的结果是工作区域的视角按角度旋转了（如图 2-44），绝对坐标本身并没有变化。

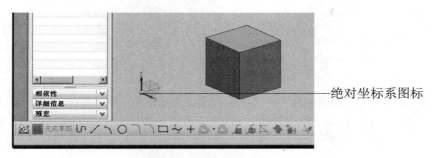

绝对坐标系图标

图 2-42　绝对坐标系图标

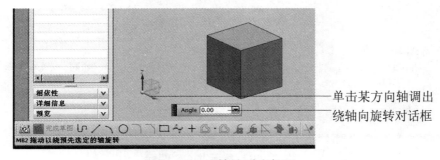

单击某方向轴调出
绕轴向旋转对话框

图 2-43　旋转绝对坐标系

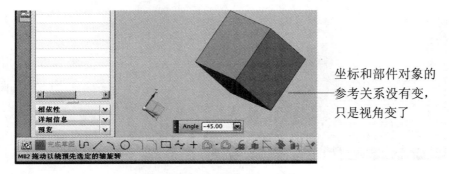

坐标和部件对象的
参考关系没有变，
只是视角变了

图 2-44　旋转完绝对坐标系的窗口

2.5.2 工作坐标系（WCS）

工作坐标系也是由系统提供的，初始状态是与绝对坐标保持一致，但用户可以任意移动、旋转、调整轴向。

工作坐标系的操作可以通过菜单栏【格式】→【WCS】（如图 2-45）调出相关的操作功能。

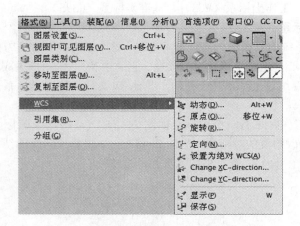

图 2-45　由下拉菜单进入 WCS 操作

（1）显示：快捷键为 W，WCS 默认是隐藏的，使 WCS 显示出来（如图 2-46）。

（2）动态：在 WCS 图标上双击，WCS 变成动态模式（如图 2-47），使用者可以在动态模式下移动、旋转、定向 WCS。操作流程如图 2-48 所示。

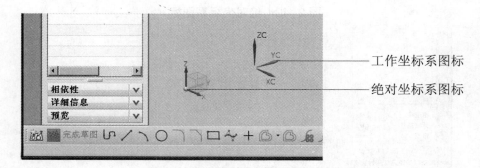

图 2-46　显示 WCS 图标

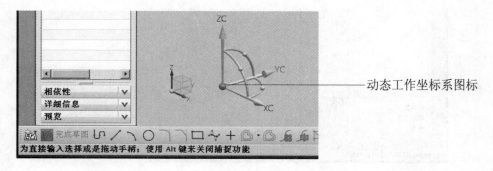

图 2-47　双击 WCS 转换成动态图标

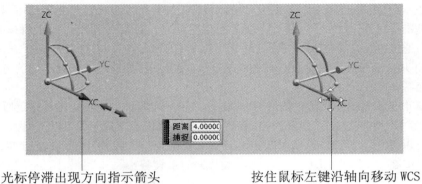

光标停滞出现方向指示箭头　　　　　　　按住鼠标左键沿轴向移动 WCS

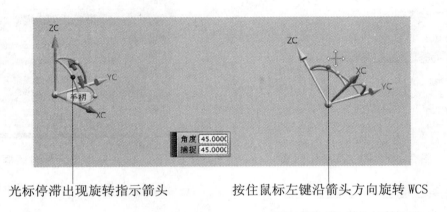

光标停滞出现旋转指示箭头　　　　　　　按住鼠标左键沿箭头方向旋转 WCS

光标停滞出现方向指示箭头　　　　　　　双击鼠标左键轴向产生反转

图 2-48　通过动态图标调整 WCS

（3）原点：通过捕捉或者输入空间点的坐标来指定一个 WCS 的原点。

（4）旋转：通过指定旋转轴，可以用动态操作实现。

（5）设置为绝对 WCS：将 WCS 移动调整到与绝对坐标系相对的原点与轴向。

（6）保存：将当作工作坐标系的空间数据保存下来。

2.5.3 基准坐标系（CSYS）

（1）在 NX 的建模过程中，除了绝对坐标系和工作坐标系以外，使用者还可以根据工作需要创建基准坐标系（CSYS），基准坐标系可以时创建、隐藏或删除，也可以移动、旋转、调整轴向。通过菜单栏【插入】→【基准／点】→【基准 CSYS】来建立（如图 2-49）。

（2）打开基准坐标系对话框（如图 2-50），点击下拉菜单可以选择不同的方法建立基准坐标（如图 2-51）。

（3）基准坐标系的建立比较灵活，可以选取现有的坐标系，也可以通过指定原点、X 轴、Y 轴、Z 轴等多种方式建立，建立好的 CSYS 在工作区域内会形成一个 CSYS 图标。一个模型文件同时可以建立多个 CSYS（如图 2-52），建立好的 CSYS 可以和 WCS 一样通过双击进行动态操作（如图 2-53），模型场景中的 CSYS 可以随时被调整。

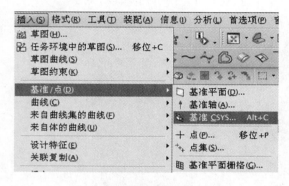

图 2-49 建立基准坐标系

图 2-50 基准坐标系对话框

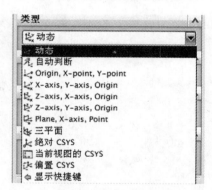

图 2-51 选择基准坐标系的类型

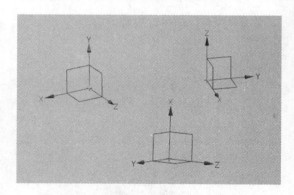

图 2-52 场景中有多个 CSYS

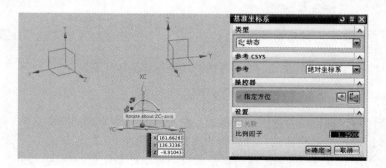

图 2-53 双击 CSYS 转换成动态图标

2.6 导航器操作

NX 的导航器根据功能和模块不同会有不同的作用，本节主要介绍建模时使用的"部件导航器"。部件导航器可以记录建模步骤并对每个步骤进行编辑修改，也可以退回到任意步骤修改参数，对于没有关联关系的部件可以调整步骤次序，在部件导航器列表里可以找到模型场景里的所有对象元素及特征操作，还可以方便地控制对象元素的显示与隐藏，特征功能的打开与抑制。

2.6.1 部件导航器列表

部件导航器列表能显示出建模的步骤和模型场景里的所有部件元素，包括点、曲线、草图、基准平面、基准坐标、特征操作等（如图 2-54）。

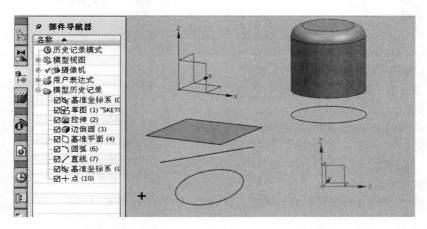

图 2-54   所有的元素都显示在导航器列表里

2.6.2 抑制功能

抑制功能就是列表栏里各个元素前面的方框，勾选为打开；去掉勾选为关闭，关闭可以暂时移除场景中的对象（如图 2-55a）。对于前后有关联关系的元素，抑制了父项元素，后面的子项也会同时被抑制，如抑制了草图功能，后续在草图上建立的特征也会自动被抑制（如图 2-55b）。

a. 抑制"圆角"特征   b. 抑制"草图"

图 2-55   抑制功能

2.6.3　调整顺序

导航器列表里的对象元素是按建立的历史顺序排列的，可以直接按住鼠标左键用拖拉的方式改变对象的排列顺序（如图 2-56），此功能在复杂曲面建模时可以方便地优化曲面网格。

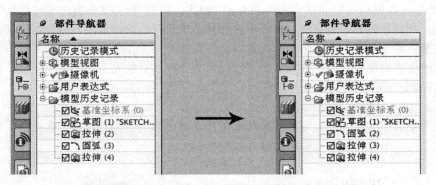

图 2-56　把第三步"圆弧"拖到第二步的位置

2.6.4　通过快捷菜单编辑

在列表里选中要编辑的对象元素，单击鼠标右键，调出快捷菜单（如图 2-57），在这个菜单里有很多编辑对象的功能。

（1）隐藏：隐藏选中的对象在列表中的名称变成灰色字体，如果此对象已经隐藏则显示为"显示"，显示物体后列表中的对象名称恢复为黑色字体。

（2）隐藏父特征：隐藏此对象的父特征，在 NX 中父子特征关系就是因果关系，如草图对象就是从草图轮廓建立拉伸特征的父特征。

（3）编辑参数：对选中对象的参数进行编辑修改。

（4）可回滚编辑：回到此特征之前的状态，对特征的参数进行重新设定。

（5）特征分组：根据需要将几个特征元素列为一个群组（如图 2-58）。

（6）替换：用新的特征替换原来的你想要替换的特征。

（7）编辑草图：直接编辑草图，父项是草图就编辑父项的草图。

（8）显示尺寸：显示特征操作的参数尺寸，通过双击尺寸可以对尺寸进行编辑操作（如图 2-59）。

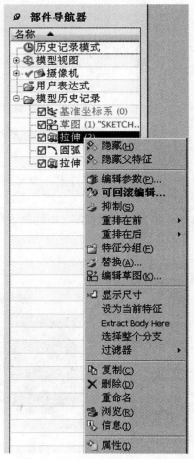

图 2-57　导航器快捷菜单

a. 点"特征分组"调出特征分组对话框

b. 分组后列表栏里出现一个组名

c. 打开分组显示组内元素

图 2-58　特征分组操作

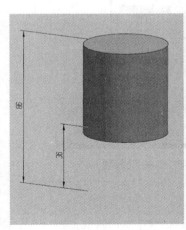

a. 点"显示尺寸"

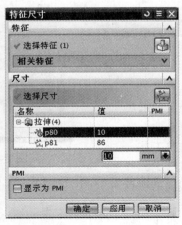

b. 在尺寸上双击调出特征尺寸对话框

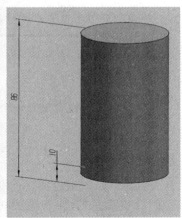

c. 修改尺寸后模型按新尺寸变化

图 2-59　显示特征尺寸并修改

2.7 对话框操作

NX 的每步操作都是通过相应的对话框来实现的，对话框里包含了每步操作所涉及的操作对象、操作参数、操作类型等信息，NX 的对话框设计非常人性化，熟悉 NX 对话框的功能可以大大提高 NX 的工作效率。

2.7.1 对话框的结构

NX 操作过程中用户可以通过对话框的功能图标（如图 2-60）对操作的细节及参数进行设定。

（1）折叠箭头：点击箭头可以把当前的功能选项栏折叠或打开。

（2）对象子菜单：点击后打开子选项对话框。

（3）选择图标：针对不同的选项选取不同的操作对象。

（4）下拉菜单箭头：点击弹出下拉菜单。

图 2-60 对话框的结构

2.7.2 关联

NX 对话框的设置里有一个关联选项（如图 2-61）。

关联选项是一个非常实用的工具，下面用实例说明关联的作用（如图 2-62）。

直线 b、c 都通过捕捉直线 a 的端点产生，b 是关联的，c 没有关联，当直线 a 产生变化以后直线 b 也跟着变化，而直线 c 则不跟着变化。

图 2-61 关联选项

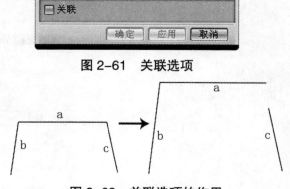

图 2-62 关联选项的作用

第 3 章　UG NX8.0 编辑草图

草图是 NX 参数化建模的一个重要工具，在几何建模过程中先建立二维草图，再用二维草图轮廓拉伸、旋转、扫掠出实体模型，再结合布尔运算就可以很方便地建立三维实体了，使用草图还可以实时修改和编辑草图。

本章重点
- 草图的基础知识
- 草图工具
- 草图约束
- 实例操作

3.1　草图的基础知识

草图的创建需要在一个平面上，草图元素可以是点、直线、曲线、圆、多边形、自由曲线、样条等，这些元素通过尺寸参数和相互间的约束参考关系形成使用者需要的二维轮廓，一个文件里可以有多个草图，系统会给每个草图指定一个名称，用户也可以自定义名称。

3.1.1　草图的创建

（1）通过菜单栏的【插入】→【草图】直接开始草图绘制（如图 3-1），也可以通过直接草图工具条里的功能图标开始绘制草图（如图 3-2），两种绘制方法的执行都要选择一个基准平面（如图 3-3）。

（2）通过菜单栏的【插入】→【任务环境中的草图】（如图 3-1），选择了基准平面后进入草图环境，进入草图环境后软件的界面发生了改变（如图 3-4），在这个界面是以草图绘制为中心任务的，草图绘制完毕后点左上角的"完成草图"返回到建模界面。

以上两种创建草图的方法虽有不同，但命令功能的使用方法是一样的，只是进入草图环境后，工作区域直接定向到草图视图（如图 3-5），在以后的版本中这两种方法可能会综合成一种方法。

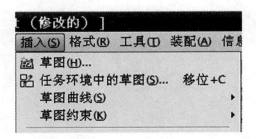

图 3-1　通过下拉菜单插入草图

图 3-2　直接草图工具条

图 3-3　为草图选择基准平面

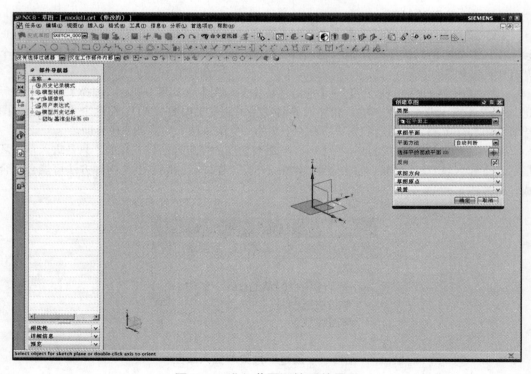

图 3-4　进入草图环境后的界面

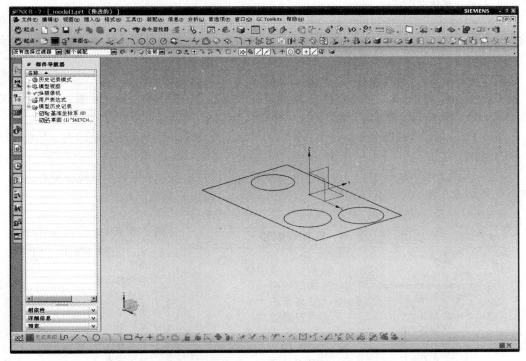

a. 直接草图模式下直接在当前视图绘制草图

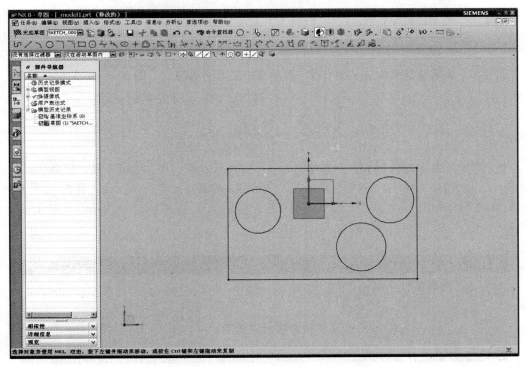

b. 进入草图环境后系统自动定向到草图视图

图 3-5　两种创建草图方式视图不同

3.1.2 草图的修改

（1）草图完成后是可以随时修改和编辑的，只要在导航器列表里选择要编辑的草图后右键调出快捷菜单选"编辑"或"可回滚编辑"（如图 3-6）就可以了，其中"编辑"是在直接草图模式下操作，"可回滚编辑"会进入到草图环境里操作。

（2）在工作区域里直接双击要编辑的草图也可以 进入直接草图模式进行修改。

（3）同一时间只能对一个草图进行编辑，在编辑完毕后要点击"完成草图"（快捷键是 Ctrl+Q），结束编辑操作才可以编辑另一个草图。

（4）如果文件中有多个草图，正在编辑的草图和没有编辑的草图在导航器列表里是有区别的（如图 3-7）。

（5）在草图编辑过程中，鼠标在工作区域的空白位置点右键可以调出快捷菜单，菜单里有"完成草图"和"定向视图到草图"（如图 3-8），可以提高制图效率。

图 3-6 编辑快捷菜单   图 3-7 导航器中的草图状态   图 3-8 草图快捷菜单

3.2 草图工具

NX 系统为使用者提供了强大的草图工具，主要有绘图工具、编辑工具、复制工具、尺寸标注工具、约束工具等,当鼠标经停滞在功能图标上时系统会弹出该工具的用法(如图3-9),再结合软件的操作提示栏说明，读者完全可以掌握单个命令的用法。本书不再单独介绍每一个命令，会结合后面的实例说明。

图 3-9 草图命令工具条

3.3　草图约束

3.3.1　约束的意义

要把草图上的元素表达完整要有两个条件：形状和位置。

形状：确定图形的形状和尺寸，比如圆的半径、直径，长方形的长、宽，多边形的边长、边数等等。

位置：确定图形在图纸上的位置，比如圆心距离 X 轴的距离和圆心距离 Y 轴的距离，通过这两个尺寸，就能确定圆心的位置。在平面图上，X、Y 轴向尺寸能确定任意点的位置。

只有知道了圆的位置和圆的形状后，才能在指定的地方画出想要的圆。这就是要求定义位置和形状。而要确定一个图形（比如圆）的位置和大小，必须确定它的形状尺寸和位置尺寸，在 NX 的草图编辑中这样的定形过程和定位过程就称为"约束"。

"约束"的形状定形是很容易理解的，圆就给定半径、矩形就给定长宽等等。

"约束"的位置定位应当理解为确定图形的相对位置，因为这个位置只是相对一个已知的点来说的。例如定义第三个圆和前二个圆相切，就是以前二个圆为参照物的，一旦前二个圆的位置形状产生了改变，第三个圆也会跟着变动的。

草图元素的理想的状态是"完全约束"，也就是每个元素形状和位置都确定。这样做的好处是可以实现参数化操作，说的简单点就是把草图里的元素按一定的规律关联起来，当我们修改其中一个元素的定形或者定位尺寸时，其它的元素就会按既定的规律变化。

3.3.2　约束的实现

在 NX 的草图编辑过程中，定形和定位通过约束和标注尺寸相结合的方法来实现（如图3-10）。

3.3.3　约束的状态与识别

使用者在实际操作过程中常见的问题是"约束不全"或者"过约束"。"约束不全"就是草图中的部分元素没有达到"完成约束"。对于一些简单的不存在反复修改的模型，"约束不全"是不会影响模型的。而"过约束"是指草图中的某些元素被添加了相互重复的约束条件，比如有一条直线和一个圆两个元素，我们首先约束直线为水平，再约束此圆与直线相切，然后再给两个尺寸，一个是圆的半径，另一个是圆心到直线的距离，那么现在就处于"过约束"，因为这两个尺寸是相同的含义。

NX 是一个很人性化的软件，当使用者执行"约束"或"标注尺寸"命令时可以通过观察草图元素的颜色来判断草图处于哪个约束状态，在默认状态下：

（1）当草图元素为蓝色表示处于"没有约束"状态：即没有定形也没有定位（如图3-11）；

（2）当草图元素为暗红色表示处于"约束不全"状态：只定义了定形或者定位尺寸当中的一部分约束（如图3-12）；

（3）当草图元素为绿色表示处于"完全约束"状态：即完全定形也完全定位（如图3-13）；

（4）当草图元素为红色表示处于"过约束"状态：定形或定位约束条件中有相重复的约束（如图3-14）。

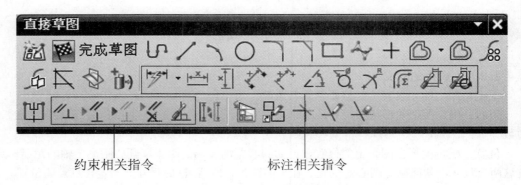

图 3-10　草图命令工具条

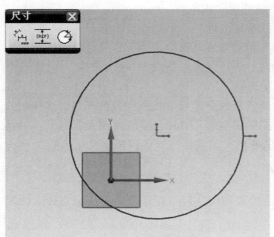

图 3-11　没有任何约束的草图为蓝色

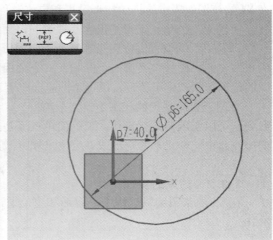

图 3-12　约束了直径和 X 轴方位为暗红色

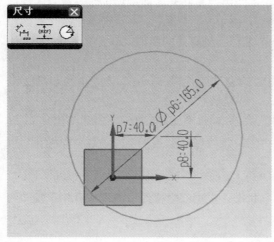

图 3-13　约束了直径、X 轴、Y 轴方位为绿色

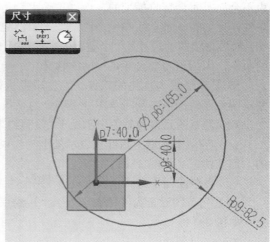

图 3-14　同时约束了直径和半径为红色

3.3.4 约束的注意事项

1）初学者会碰到的问题

　　NX 的约束操作对于初学者是经常容易出错的地方，因为 NX 在默认状态下对草图中的元素会添加自动约束，但是很可能这种约束不是使用者想要的，当再对这些元素编辑时可能会出现"过约束"或者使用者没有想到的结果，下面举例说明（如图 3-15、图 3-16）。

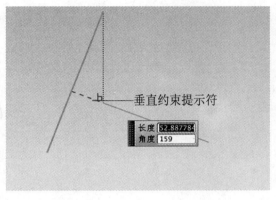

垂直约束提示符

a.

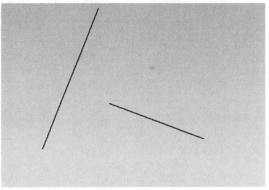

b.

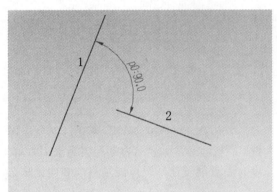

c.

分析：

　　到第三步出现了"过约束"，有的初学者不知道为什么，原因是在创建直线 2 的时候系统自动约束它和直线 1 是相垂直的，垂直的定义就是 90 度，所以第三步添加角度就是"过约束"了。

图 3-15　约束操作错误分析 1

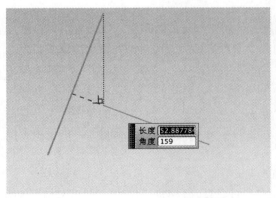

a.

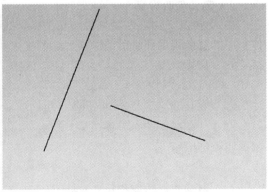

b.

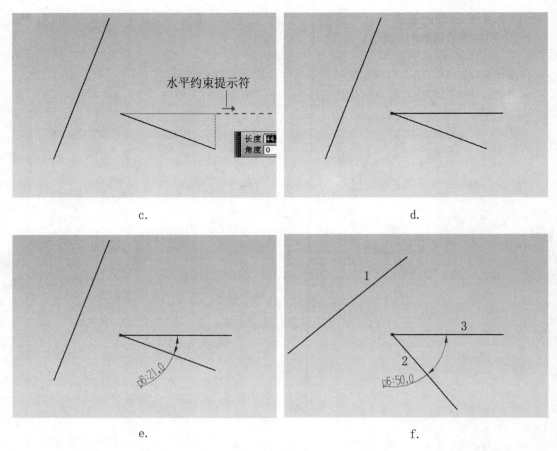

分析:

到第 6 步当把角度改成 50 度时,有的初学者没有想到直线 1 也会发生变化,在这个图形当中直线 2 在创建时就自动约束为和直线 1 垂直,而直线 3 在创建时自动约束为水平方向,当角度由 20 度改为 50 度时,直线 3(是水平角度)不可能变化,只可能是直线 2 变化那么就带着直线 1(直线 2 垂直于直线 1)也跟着变化了。

图 3-16 约束操作错误分析 2

2)定义自动约束

NX 的自定义约束即可以提高草图效率也会引起上一节介绍的问题,使用者可以根据所作草图的复杂程度和自己的操作习惯利用下面两个命令来选择关闭自动约束功能或者自定义自动约束功能。

(1)连续自动标注尺寸 ：这是一个状态命令,状态打开时新建的草图元素会自动标注尺寸,使元素达到完全约束,状态关闭时新建的草图元素不标注任何尺寸,由使用者根据需要自行标注。

(2)自动判断约束和尺寸 ：点击这个命令可以打开自动判断约束和尺寸对话框(如图 3-17),在这里可以自定义哪些约束会在建立草图元素时就已产生。

44

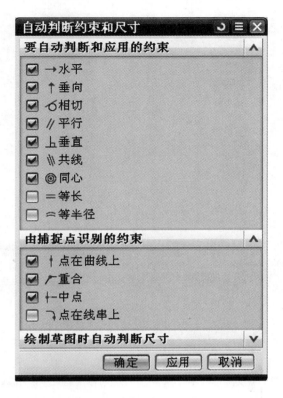

图 3-17　自动判断约束和尺寸对话框

3.4　实例操作

3.4.1　实例 1

画出如图 3-18 所示的草图。

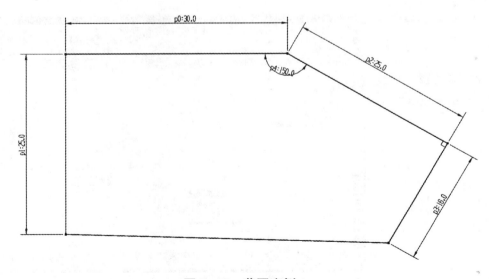

图 3-18　草图实例 1

（1）调整到俯视图，设定草图选项。

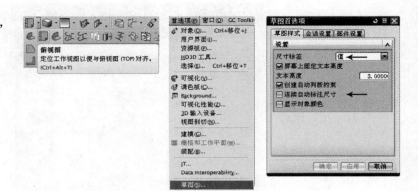

（2）点选直接草图的"直线"命令，并选择XY平面为基准平面。

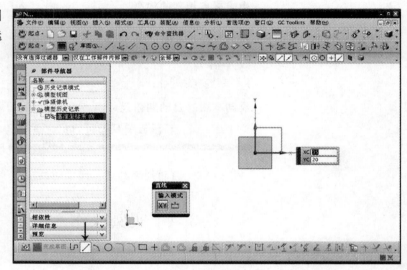

（3）捕捉坐标原点为直线起始点，向上画线。

捕捉原点就是把线段的起点约束在原点。

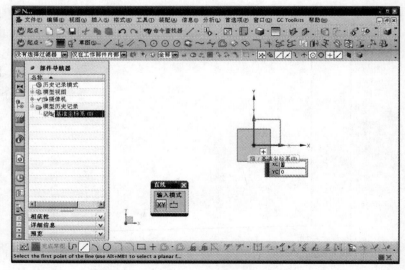

（4）注意观察数据提示栏，使直线的长度尽量在 25 左右。

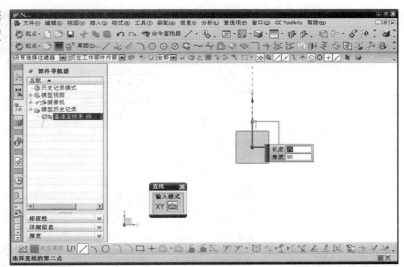

（5）用鼠标滚轮放大视图，再同时按下 Shift 键和鼠标滚轮平移视图。

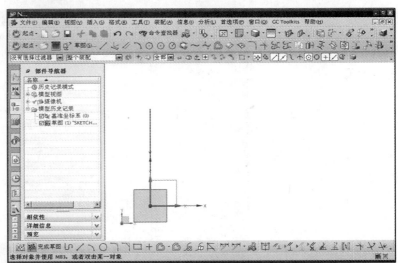

（6）给线段标注上尺寸。

（5）、（6）两步的操作是预设工作区域的大小，这样后继的操作就不用频繁地缩放和平移视图。

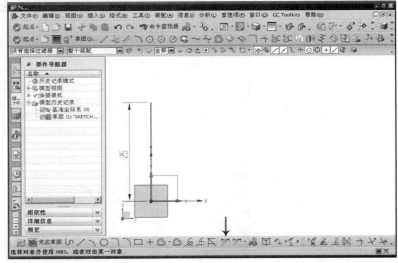

（7）用"轮廓线"工具画线，捕捉第一根直线的终点为起始点。

用捕捉点的方式才能将两根直线的起点及终点约束在一个点上，当这个点变化时两根线也跟着变化。

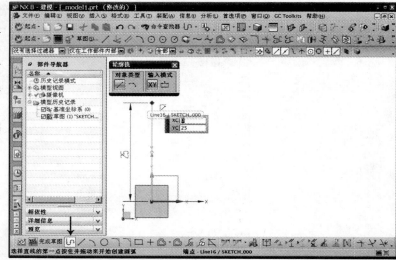

（8）画出与目标图标大致相似的轮廓。轮廓线的终点要捕捉第一根线段的起点。

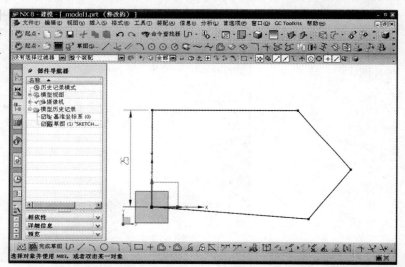

（9）用"自动判断尺寸"工具给各个线段标出尺寸。

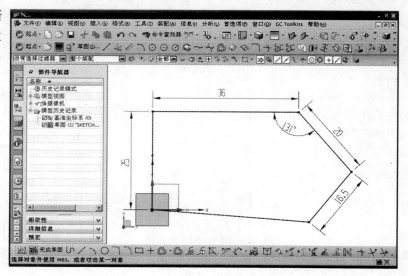

（10）双击尺寸标注，调出尺寸修改栏。

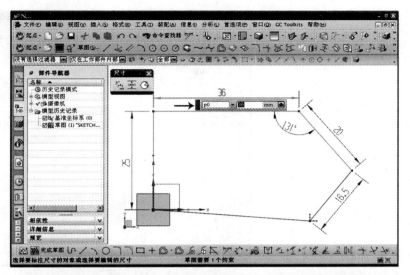

（11）按目标图的要求依次修改尺寸。

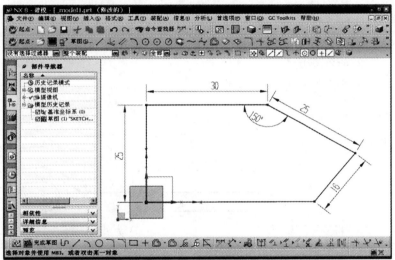

（12）用"约束"指令并依次点选线段1和线段2，指定"垂直"约束。

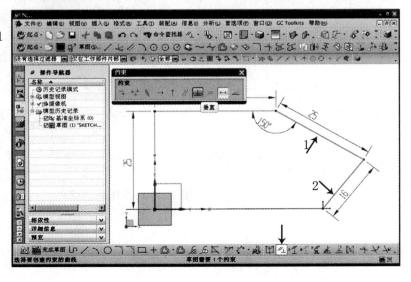

（13）完成图形。

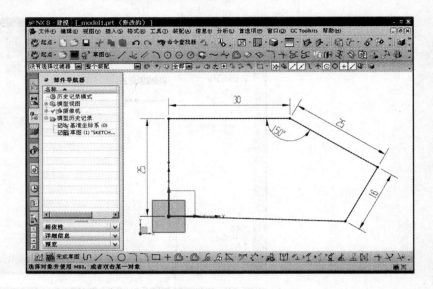

3.4.2 实例2

画出如图3-19所示的草图。

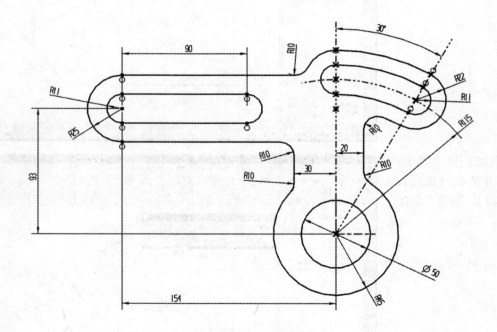

图3-19　草图实例2

（1）用新建草图的"画圆"命令，并选择 XY 平面。

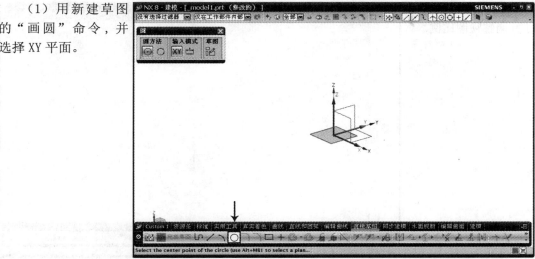

（2）画好一个圆后，把视图定向到草图平面。

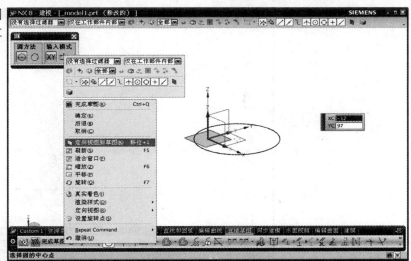

（3）把圆心点先约束到 X 轴上，再约束到 Y 轴上，这就把圆心点约束在原点上了。

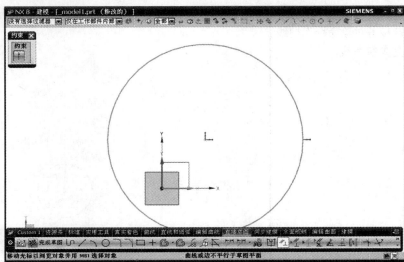

（4）定义圆的尺寸并调整视图比例。

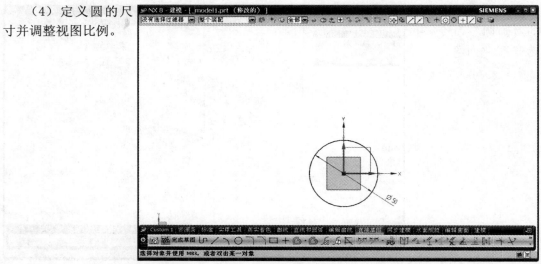

（5）画出如图所示线。

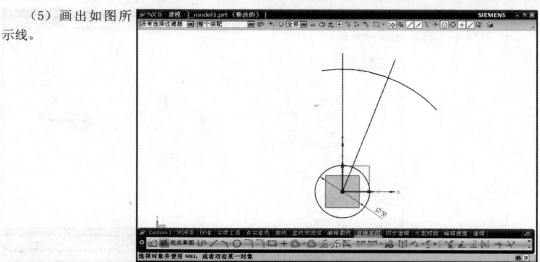

（6）用"转换至/自参考对象命令"把线变成参考线。

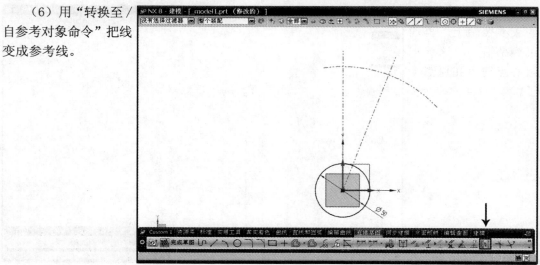

（7）用标注尺寸约束参考线。

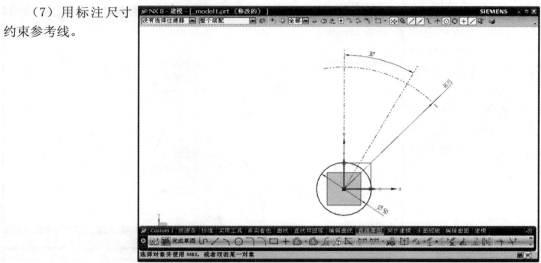

（8）在图上画出如图所示的几个圆。

注意有四个圆的圆心分别在两个参考线的交点上。

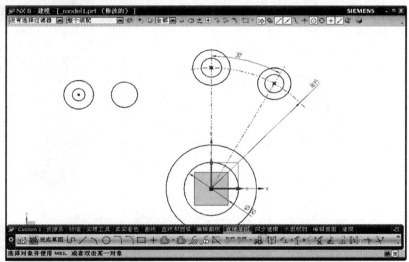

（9）标注尺寸。

注意有三个圆不需要标尺寸。

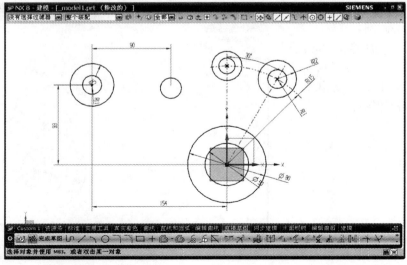

（10）打开约束命令，用等半径命令约束刚才没有标尺寸的圆，将这些圆与相同半径的圆约束起来。

用等半径来约束多个圆时，只有其中的一个圆允许标出尺寸。

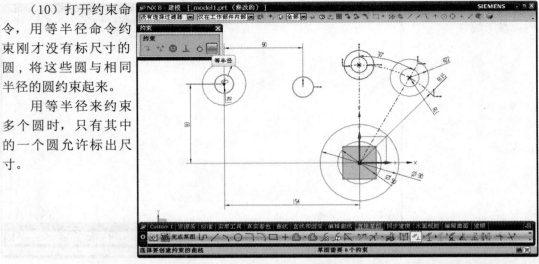

（11）约束完等半径后的图形。

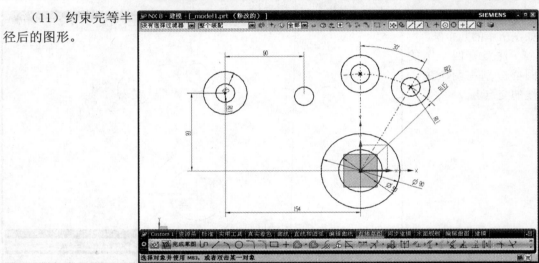

（12）以原点为中心画圆。

注意画的圆要与右上方的圆相切，画面上会自动出现一个相切图标。

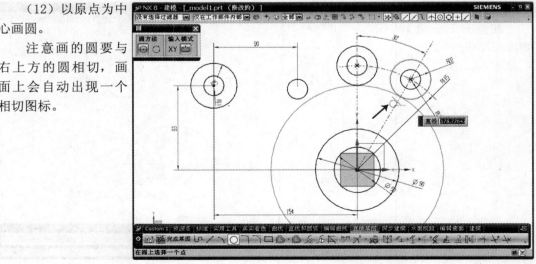

（13）画出如图所示的四个圆。

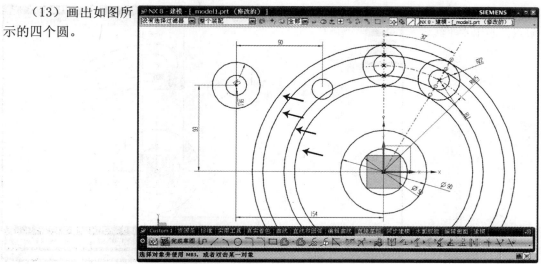

（14）对图形进行修剪操作得到如图所示的图形。

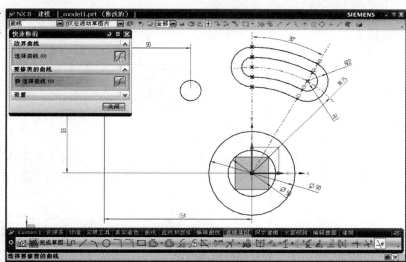

（15）用"派生直线"命令画竖线的平行线。

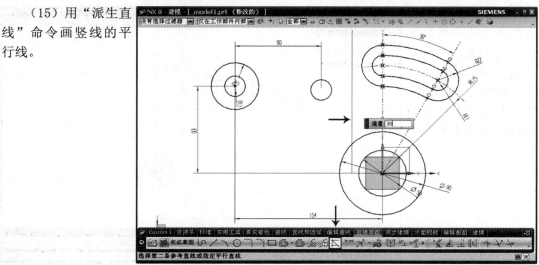

（16）捕捉圆的象限点，画出水平线。

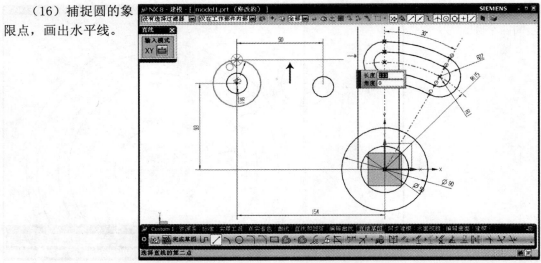

（17）补齐图上的所有线条。

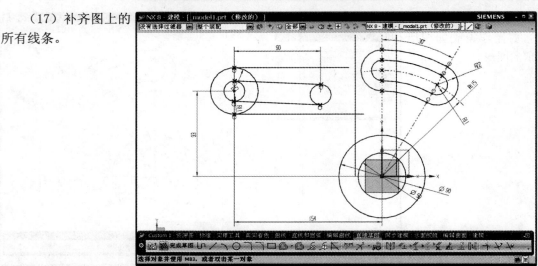

（18）由于中间上方的那个小圆的高度还没有约束，上一步画两个圆的连线时线段和两个圆是相切的，现在只需要把中间的线段约束为水平就可以了。

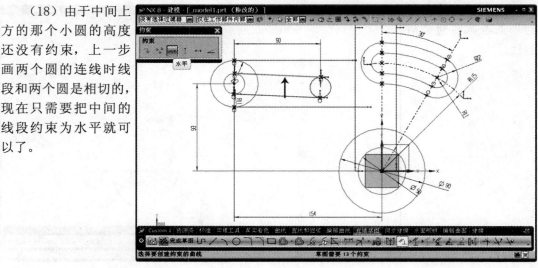

（19）对图形进行
修剪，得到如图所示
的图形。

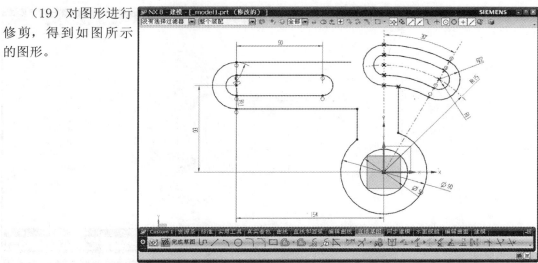

（20）给图形添加
圆角过渡。

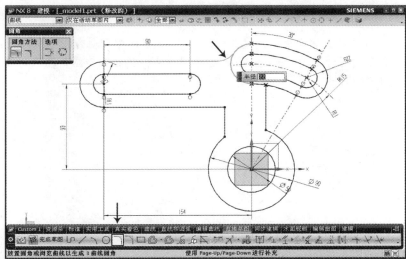

（21）所有的圆角
都过渡完成。

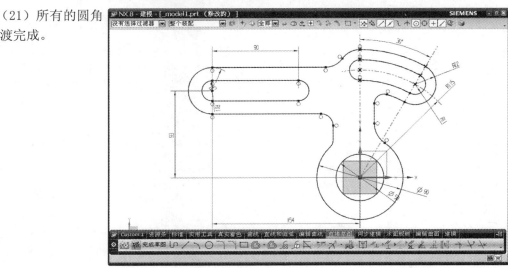

（22）标注过渡圆角的尺寸，完成图形。

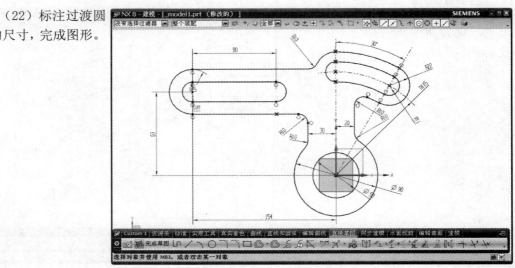

总结：

通过以上两个实例，读者可以了解 NX 系统绘制草图的大致流程，草图绘制就是各种草图命令的组合使用，同一个草图也可以有不同的绘制方法，读者可以多多练习摸索出一套自己习惯的方法。

第 4 章 UG NX8.0实体建模

NX 实体建模是基于特征的参数化原则，具有交互创建和编辑实体模型的能力，能够帮助用户快速进行概念设计和细节结构设计。同时系统还将保留每步的设计信息，使每步都具有特征识别的编辑功能。

本章重点
- 实体建模的命令
- 实例操作

4.1 实体建模命令

NX 实体建模过程，经常需要建立基准特征，比如拉伸、旋转等。NX 系统有一个特征工具条（如图 4-1），关于特征工具条里的命令，读者可以查看 NX 的系统提示进行了解，本书不再单独介绍。

通过特征操作可以把二维轮廓拉成实体、把轮廓旋转成实体、对实体进行布尔运算、对实体边缘倒角、在实体上打孔等，还可以对现有特征进行复制和阵列。这些操作包括了实体建立、细节编辑、组合修剪实体等功能，并且可以随时修改特征的参数。

图 4-1 实体建模特征工具条

4.2 实例操作

4.2.1 实例1

画出如图 4-2 所示的实体模型。

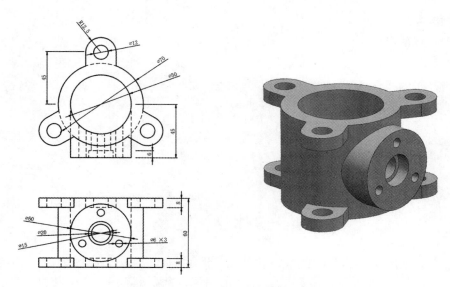

图 4-2　实体模型实例 1

（1）在 XY 平面新建草图，先画出右侧图样。

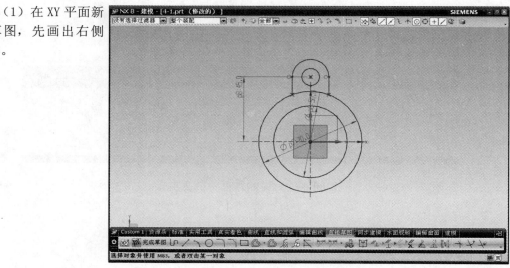

（2）使用草图的"阵列曲线"命令。

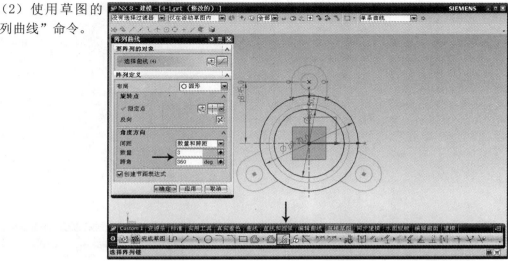

（3）完成阵列命令以后得到右侧图样。

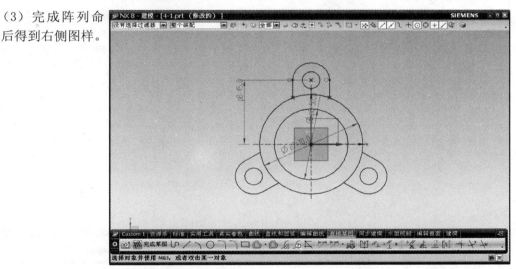

（4）点"完成草图"把视图视角转到前视图，也就是 ZX 平面。

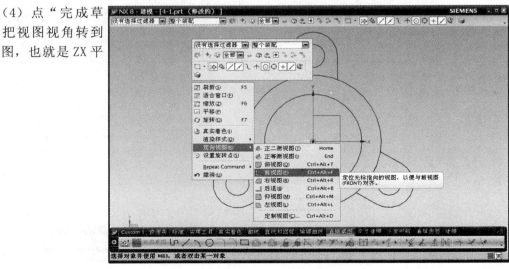

（5）在 ZX 平面新建草图。

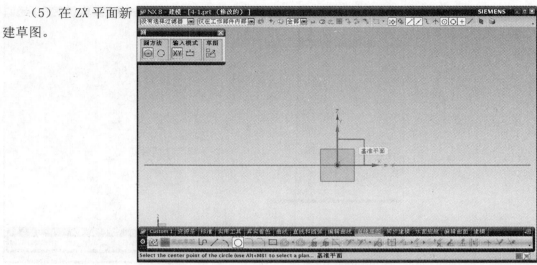

（6）画出如右侧图样。

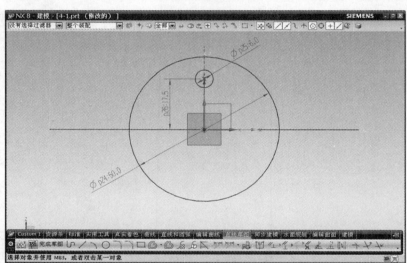

（7）用阵列命令复制完成中间 3 个小圆。

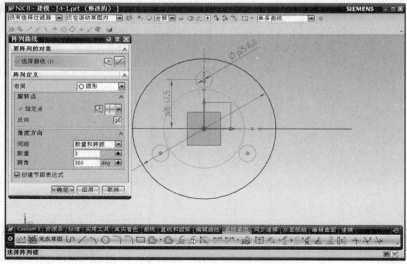

（8）点"完成草图"并旋转视角得到如右侧图样。

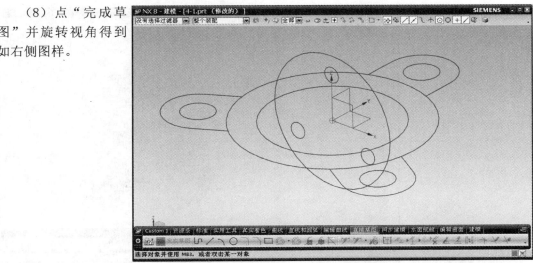

（9）用"特征"工具条里的"拉伸"命令。

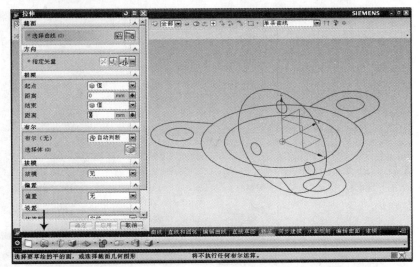

（10）如图对圆 1 和圆 2 进行拉伸。

注意拉伸的方向是双向拉伸，拉伸的距离是 30，那么双向就是 60，在选择图形时使用的是"单条曲线"过滤以方便选取。

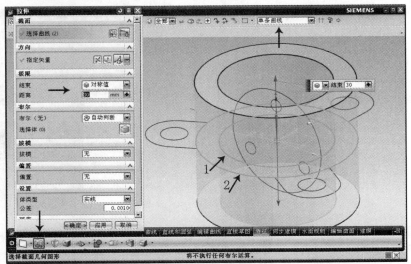

（11）拉伸完毕后如右图。

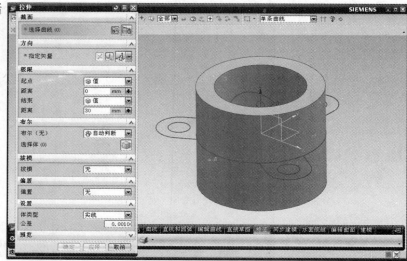

（12）再次运用拉伸命令。

注意此次拉伸是单方向拉伸，拉伸距离是通过输入实体的起始点和结束点来控制的，在选择图形时使用的是"区域边界曲线"过滤以方便选取，同时与前面的实体相加。

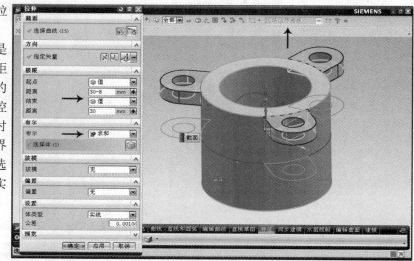

（13）拉伸完成得到右侧图形。

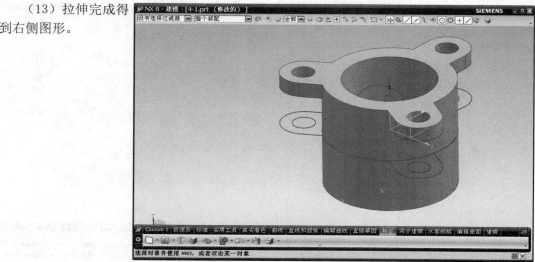

（14）对刚刚进行的拉伸特征进行"镜像"操作，并选择 XY 面为镜像平面。

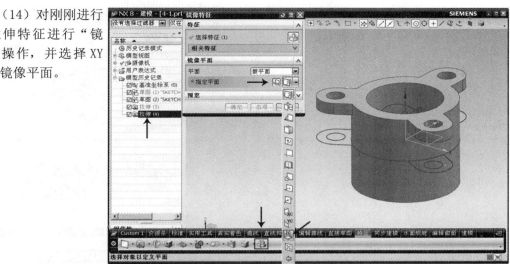

（15）镜像完成得到右侧图形。

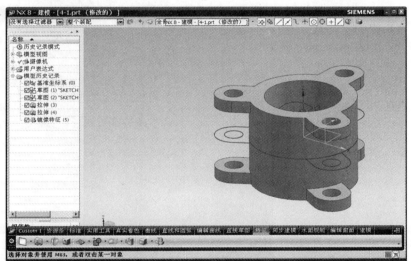

（16）旋转视角到右侧图形。

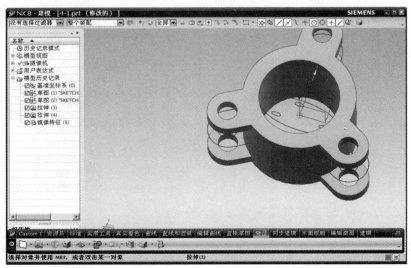

（17）使用拉伸命令拉伸图中的大圆。

注意拉伸的距离，此操作只指定了结束位置的距离，而起始位置是指定外圆柱面，同时与前面的实体相加。

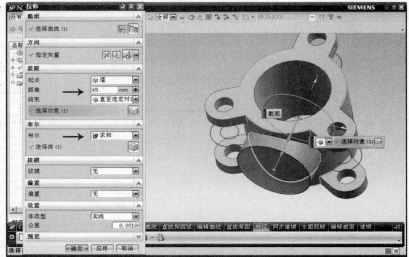

（18）对中间的三个小圆进行拉伸。

注意此次操作是在前面的实体进行求差操作，三个孔为通孔所以拉伸距离为"贯通"。

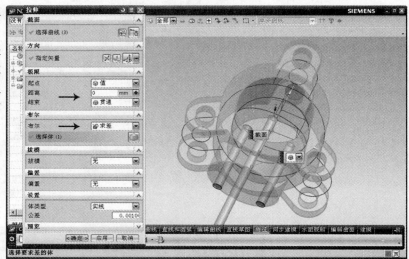

（19）完成以上操作得到右图。

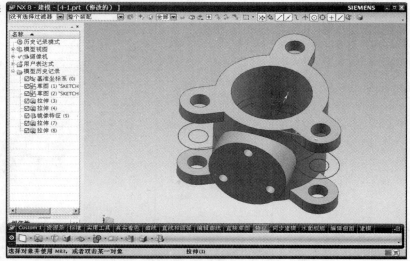

（20）把草图隐藏起来。

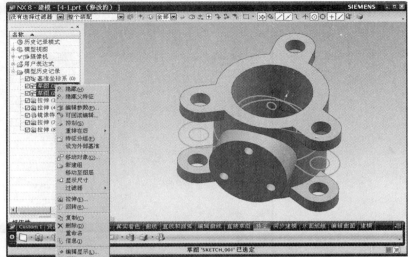

（21）用"孔"命令在实体上打孔，孔的位置直接捕捉圆的中心点。

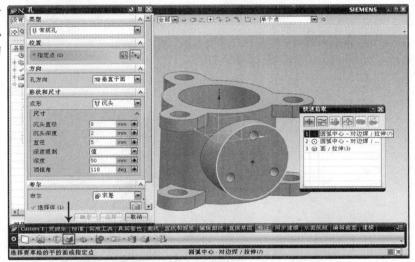

（22）按要求设定孔的类型和尺寸。

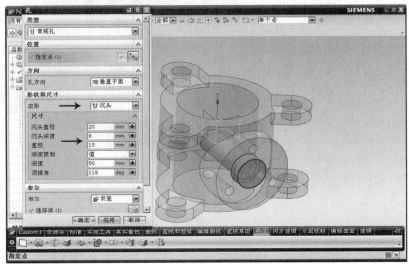

（23）打孔结束完成图形。

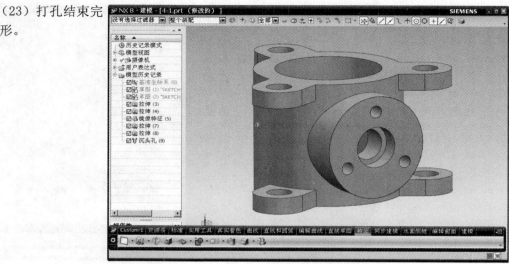

4.2.2 实例 2

画出如图 4-3 所示的实体模型。

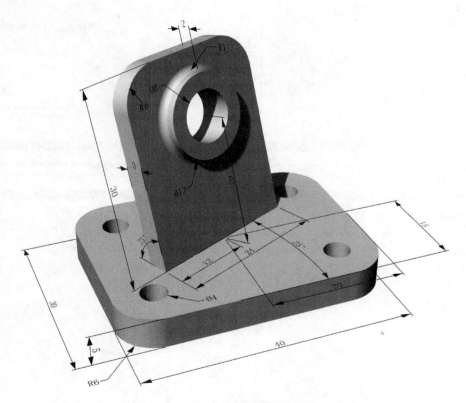

图 4-3 实体模型实例 2

（1）新建草图并
选择 XY 平面，画出右
侧图形。

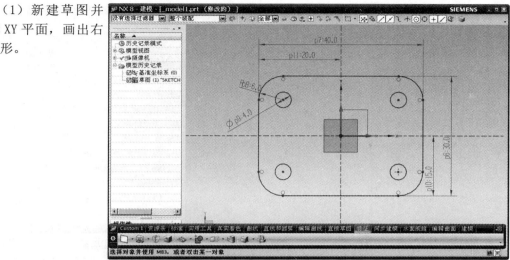

（2）对画好的草
图进行拉伸操作，选
择反向拉伸，位伸方
向向下。

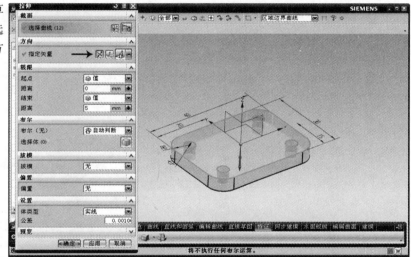

（3）按"W"显示
出工作坐标系。

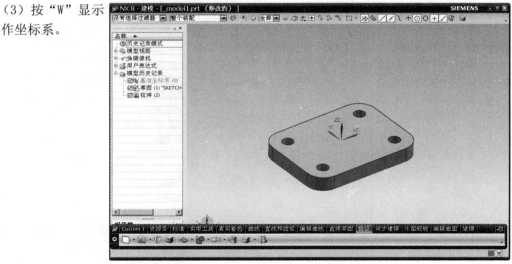

（4）双击工作坐标系图标，准备使坐标绕 Z 轴旋转。

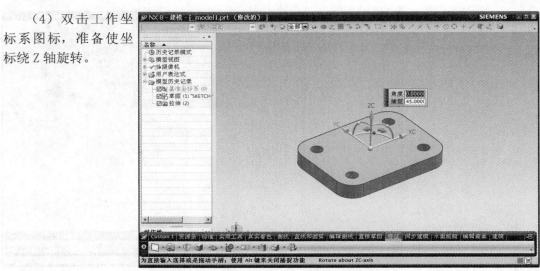

（5）输入旋转角度为 25 度。

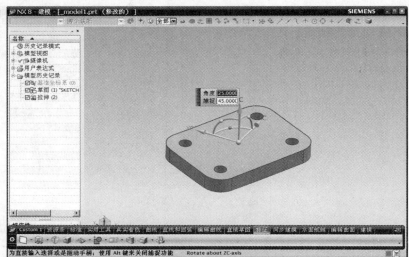

（6）再绕 X 轴旋转，并转入角度为 75 度。

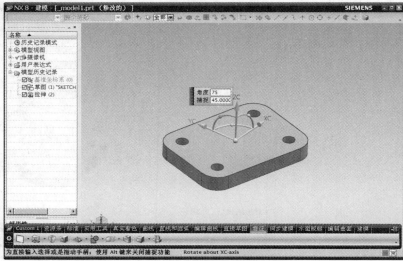

（7）调好后的工作坐标系如右图。

（8）隐藏已完成的实体和草图，并在工作坐标的 XY 平面新建草图。

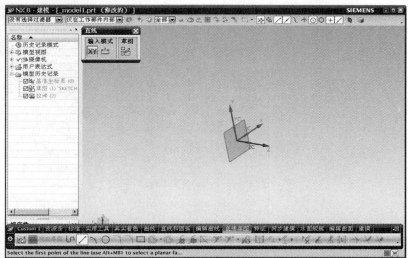

（9）定向到草图视图，并完成草图如右图。

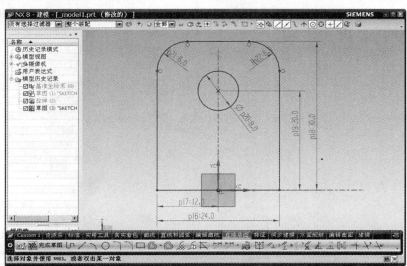

（10）完成草图并显示已拉伸完成的实体。

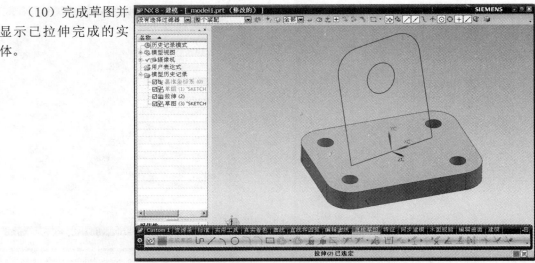

（11）拉伸草图并与原实体相加。

（12）执行拉伸操作，并以图上的圆为拉伸对象。

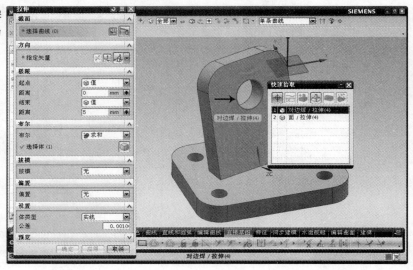

（13）调整拉伸对话框的参数。

（14）拉伸完成，对图中箭头所指的圆进行导圆角。

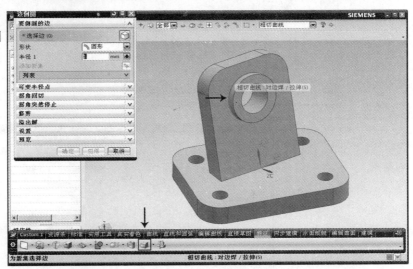

（15）完成后的图形。

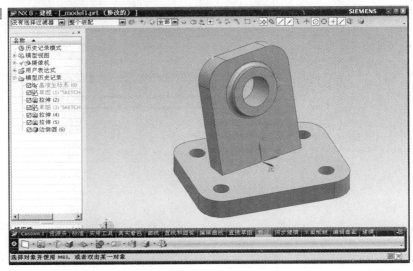

4.2.3 实例 3

画出如图 4-4 所示的实体模型。

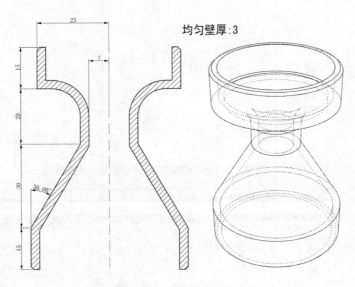

均匀壁厚:3

图 4-4 实体模型实例 3

（1）新建草图并
选择 XY 平面，画出右
侧图形。

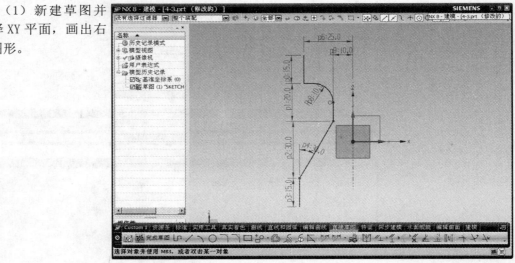

（2）打开"特征"
工具条的"回转"命令。

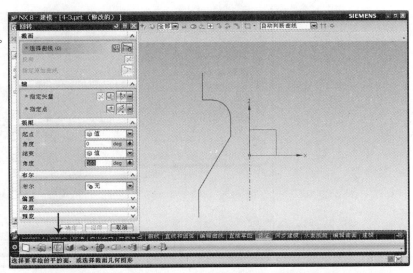

（3）以草图为旋
转截面，绕 Z 轴旋转，
旋转角度为 360 度。

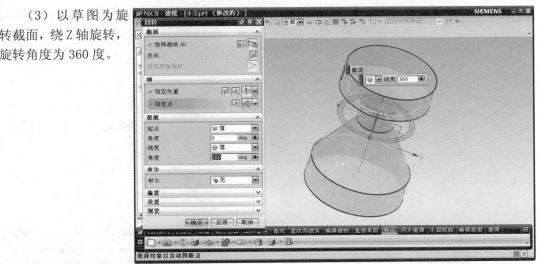

（4）打开"特征"
工具条的"抽壳"命令。

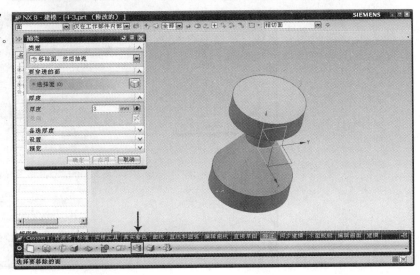

（5）指定抽壳厚度为3，选择实体上端面。

（6）再选择实体的下端面。

（7）打开"特征"工具条的"倒斜角"命令，选择需导角的边缘。

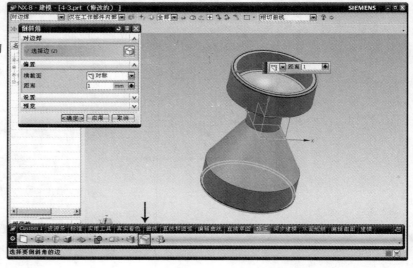

（8）导角完成的
实体如右图。

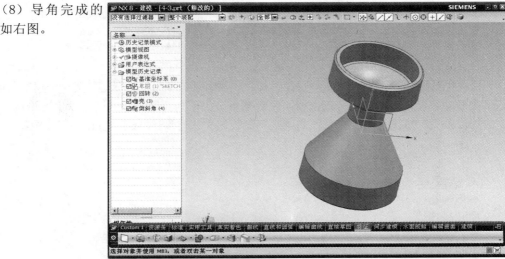

（9）实体的剖视
图。

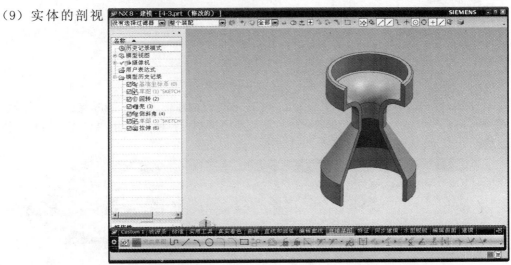

总结：

通过以上三个实例，读者可以了解由草图通过特征来构造实体的过程，草图绘制完成后再添加特征操作可以很方便地创建出几何实体。实体的建模方法很多，读者可以多多练习慢慢摸索实体建模的方法。

第5章 UG NX8.0 曲线功能

NX 曲线功能不需要进入草图模式，并提供了多种建立曲线的方法，主要有创建空间曲线、编辑曲线参数、裁剪曲线、分割曲线、编辑圆角等操作，曲线和草图是可以相互转换的，但曲线的修改没有草图里快捷直观。如果进行参数化和几何设计，还是建议采用草图特征。

本章重点
- 曲线命令
- 直接曲线
- 曲线的空间概念
- 间接曲线
- 曲线编辑
- 曲线实例

5.1 曲线命令

NX 系统关于曲线的命令工具条有三个，分别是"曲线"、"直线和圆弧"、"编辑曲线"（如图 5-1），通过这三个工具条可以方便快捷地绘制出各种复杂的 2D 图形，所建立的自由曲线可以作为 3D 模型的构造条件，用来建立自由曲面。

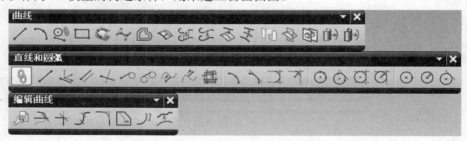

图 5-1　曲线操作工具条

关于曲线相关的命令，当鼠标停滞在命令图标上时 NX 系统会有相关说明，本书将介绍部分常用的命令，并会在后面结合实例加以说明。

5.2 直接曲线

5.2.1 直接创建曲线

NX 系统里创建曲线有两种方法，一种是直接创建，还有一种是间接创建。

可以直接创建的有"直线"、"圆弧／圆"、"矩形"、"样条""基本曲线"等，直接曲线就是可以在工作场景中直接创建的曲线命令，创建的过程是以某基准面为约束，再通过构造结构点来完成曲线的一种创建方法，本小节主要介绍基本曲线命令和部分直接创建曲线的命令。

1）直线

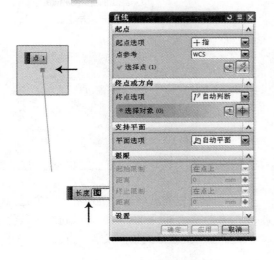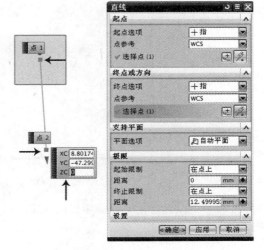

　　（1）在屏幕上点击左键（或捕捉点）指定起点，移动鼠标产生直线并出现一个长度提示栏。

　　（2）在屏幕上点击左键（或捕捉点）指定终点，还可以拖动直线两端的箭头图标或修改点坐标的方式编辑起点和终点的位置。

2）圆弧／圆

以三点方式创建圆弧／圆：

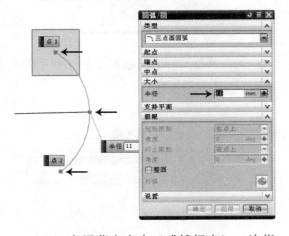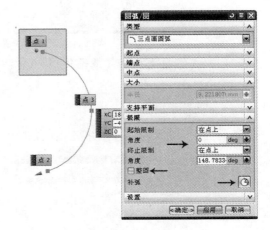

　　（1）在屏幕上点击（或捕捉点）二次指定圆弧的二个端点，拖动鼠标同时注意半径的变化，再确定第三点，得到一个圆弧。

　　（2）可以拖动圆弧的三个点来修改圆弧，也可以通过参数栏修改圆弧参数，或得到整圆及现有圆弧的另一段。

以中心点方式创建圆弧／圆：

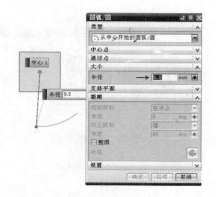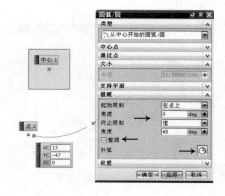

（1）在屏幕上点击（或捕捉点）得到中心点，拖动鼠标同时注意半径的变化，再确定一个圆弧的通过点。

（2）可以拖动屏幕上的中心点、通过点、圆弧方向箭头调整圆弧，也可以通过参数栏修改圆弧参数，或得到整圆及现有圆弧的另一段。

3）矩形 ▭

通过选择二个对角来创建矩形。

（1）在屏幕上点击（或捕捉点）确定第一个角点。

（2）拖动鼠标到合适的位置点击（或捕捉）确定第二个角点，完成矩形。

4）艺术样条

通过拖放定义点或极点并在定义点指定斜率或曲率约束，动态创建和编辑样条。

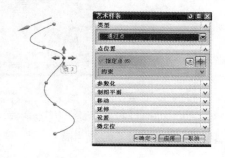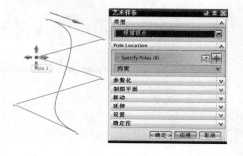

（1）点击（或捕捉点）创建通过点，并可以通过移动通过点来调整样条。

（2）点击（或捕捉点）创建极点，并可以通过移动极点来调整样条。

5.2.2 基本曲线命令

基本曲线命令是一个综合的命令集合，点击"基本曲线"命令会调出一个基本曲线对话框和一个跟踪条（如图 5-2），它有线、圆弧、圆、曲线倒圆、修剪、编辑曲线参数等五个功能。

图 5-2 基本曲线对话框

1）直线、圆、圆弧

以下用实例说明直线、圆、圆弧的创建方法。

（1）画一条起点在原点、长度为 50、角度为 20 的线段。完成后的线段如右图（图上序号为操作步骤）。

步骤 1 输入数值：0
步骤 2 输入数值：0 + 回车
步骤 3 输入数值：50 + 回车
步骤 4 输入数值：20 + 回车

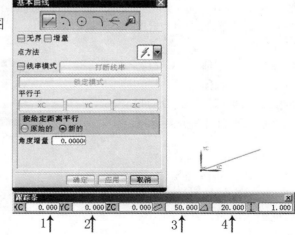

（2）画一个半径为 50 的圆，圆心点的坐标为（10，10）如右图（图上序号为操作步骤）。

步骤 1 输入数值：10

步骤 2 输入数值：10 ＋回车

步骤 3 输入数值：50 ＋回车

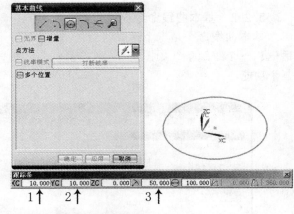

（3）以圆心为起点画一根长为 100 的垂直线段如右图（图上序号为操作步骤）。

步骤 1 设定点捕捉方式为圆心方式并选取圆

步骤 2 指定直线平行于 Z 轴

步骤 3 输入数值：100 ＋回车

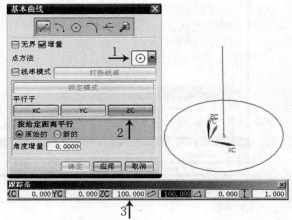

（4）在任意位置画一个长 50，宽 30 的矩形如右图（图上序号为操作步骤）。

步骤 1 点选"线串模式"，在工作区域指定起点

步骤 2 输入数值：50（长度）、0（角度）＋回车

步骤 3 输入数值：30、270 ＋回车

步骤 4 输入数值：50、180 ＋回车

步骤 5 捕捉第一根线段的起点

步骤 6 打断线串完成矩形

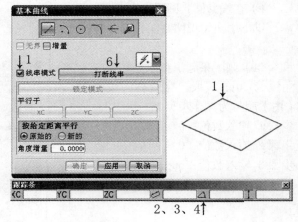

注意：此例如果将线段约束在 X、Y 轴上可以提高效率，但角度值还是需要确认或输入，因为鼠标指向会影响画线的方向（如右图），如果不输入角度值就以鼠标指向为画线方向。

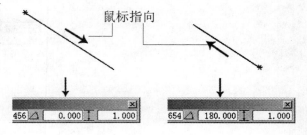

（5）建立圆弧

圆弧是以两种指定结构点的方式创建，捕捉点或输入点坐标都可以完成。

要注意圆弧的建立方向是以逆时针方向为准的，不同的起、终点位置画出的圆弧也不同（如右图）。

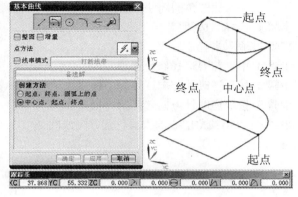

2）曲线倒圆

（1）点击基本曲线的圆角选项进入曲线倒圆对话框（如右图），有简单倒圆、二边倒圆、三边倒圆三种方法。

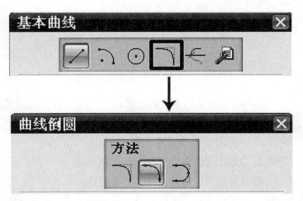

（2）简单圆角的用法如右图。

步骤 1 选择简单圆角

步骤 2 输入半径值

步骤 3 点二线交点的内侧生成圆角，如点在外侧就会在外生成圆角

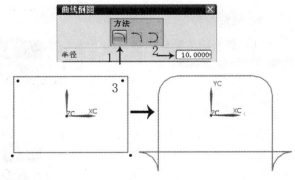

（3）二边圆角的用法如右图。

步骤1 选择二边圆角

步骤2 输入半径值

步骤3 根据需要选择修剪选项

步骤4 按顺逆时针方向选择第一根曲线

步骤5 按顺逆时针方向选择第二根曲线

步骤6 点出圆角中心的大概位置并完成圆角

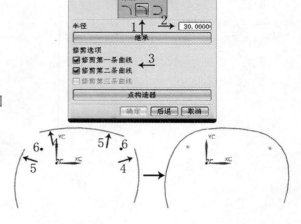

注意：选择的顺序只能按逆时针方向，顺序错了圆角就会出错（如右图）

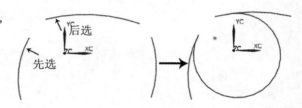

（4）三边圆角的用法如右图。

步骤1 选择三边圆角

步骤2 根据需要选择修剪选项

步骤3 按顺逆时针方向选择第一根曲线

步骤4 按顺逆时针方向选择第二根曲线

步骤5 按顺逆时针方向选择第三根曲线

步骤6 点出圆角中心的大概位置并完成圆角

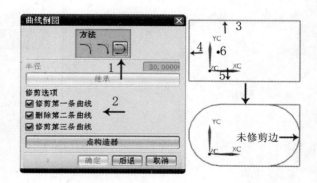

3）修剪曲线

（1）点击基本曲线的修剪选项进入曲线修剪对话框如右图。

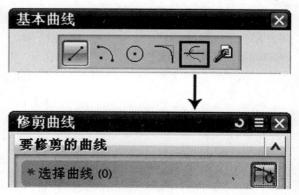

（2）修剪曲线的用法如右图。
步骤1 选择需要修剪的曲线
步骤2 选择边界曲线
步骤3 选择边界曲线（如果没有就不选）
步骤4 对修剪完后曲线进行设定
步骤5 点"应用"完成操作

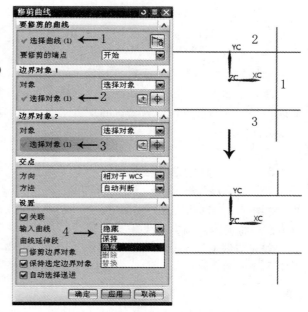

（3）延伸曲线的用法如右图。
步骤1 选择需要延伸的曲线
步骤2 选择边界曲线
步骤3 点"应用"完成操作

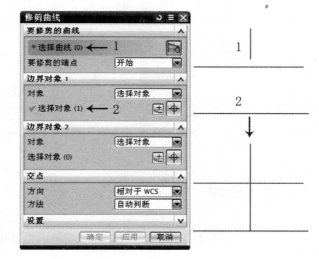

4）编辑曲线参数

编辑曲线参数用法如右图。
步骤1 选择需要编辑的曲线
步骤2 修改参数

选取曲线可以修改曲线的长度、半径等参数，如果要编辑曲线端点的坐标值就要点取曲线的端点了。

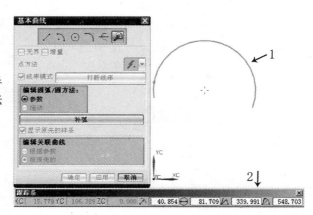

5.3　曲线的空间概念

　　曲线的建立不需要选择基准平面，在绘图空间可以直接建立曲线。曲线可以用捕捉点的方式建立，如果没用捕捉方式就会自动建立在工作坐标系（WCS）的 XY 平面上。当工作空间有现成平面的情况下可以直接选择现有平面，本书在前面的章节里已经介绍过 WCS，WCS 是非常灵活的。

5.3.1　直线的自动轴向捕捉

　　使用"曲线"→"直线"在工作区域指定第一点然后拖动鼠标，当直线方向靠近 X、Y、Z 三个轴向时会自动捕捉到轴向方向（如图 5-3）。"直线和圆弧"→"直线（点 XYZ）"可以直接在轴向方向画出直线。

　　如果直线的第一点是任意点取的，没有参考点可以捕捉，这点就被约束在 WCS 的 XY 平面上了（如图 5-4）。

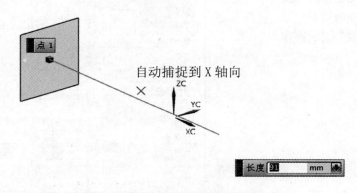

图 5-3　直线的自动轴向捕捉

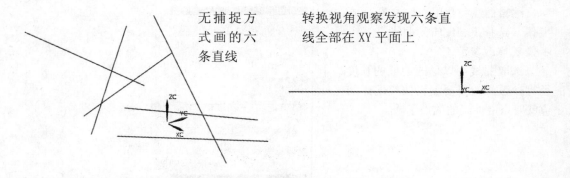

图 5-4　曲线自动生成在 XY 平面上

5.3.2　捕捉空间点方式建立曲线

如果工作区域有可以捕捉的空间点，在曲线创建的过程中可以直接捕捉空间点而不用约束在某个平面之内。

如图 5-5 的场景，四条直线的四个 Z 向终点不在同一平面上，但是四个点可以做为创建空间曲线的捕捉点。

（1）建立空间直线（如图 5-6）。

（2）建立三点圆弧（如图 5-7）。

（3）通过三点建立圆（如图 5-8）。

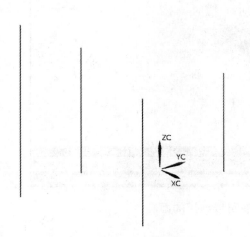

图 5-5　高度不一的四条直线

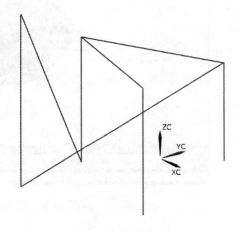

图 5-6　捕捉端点构建直线

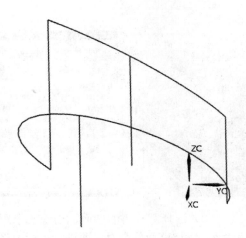

图 5-7　捕捉端点构建圆弧

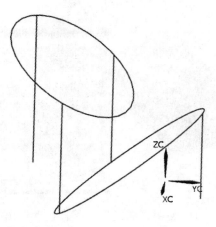

图 5-8　捕捉端点构建圆

5.3.3 利用现有面创建曲线

当场景中有平面或曲面时，可以直接在平面或曲面上创建曲线。

图 5-9 场景中圆柱体的端面和柱面都可以创建曲面。

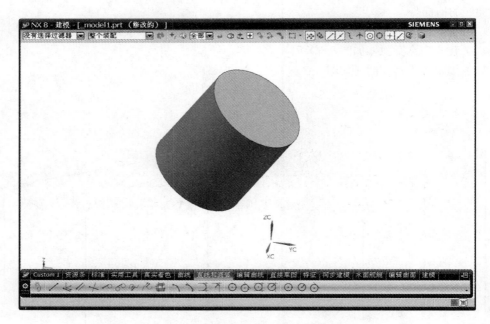

图 5-9 场景中已有可以利用的面

1）在端面上建立直线和圆弧

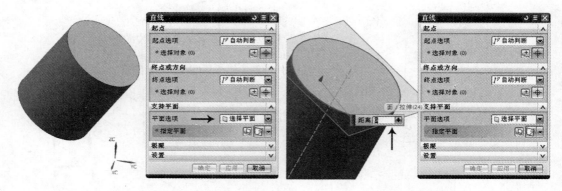

（1）使用"曲线"→"直线"调出直线对话框，把"平面选项"设为"选择平面"。

（2）选择圆柱体的端面，出现一个距离值输入条，调整数值会对平面进行平行偏移。

（3）点选"起点"下的"选择对象"指定直线的起点位置，输入长度或指定终点完成直线。

（4）使用"曲线"→"圆弧/圆"调出圆弧/圆对话框，把"平面选项"设为"选择平面"。

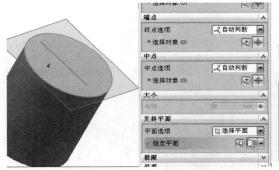

（5）选择圆柱体的端面。

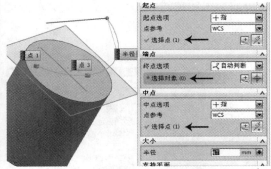

（6）点选"中点"下的"选择点"指定圆弧的中点位置，定了中点以后紧接着依次指定起点和终点。

（7）完成直线和圆弧。

2）曲面上的曲线

NX 在曲面上建立曲线有直接建立和间接建立两种，在这里先介绍直接建立。所建立的曲面只能约束在所指定的曲面上。

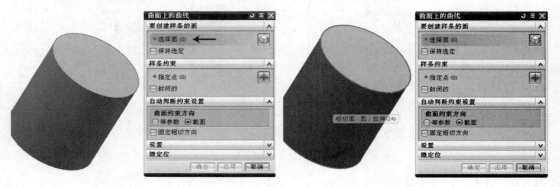

（1）使用"曲线"→"曲面上的曲线"
调出曲面上的曲线对话框，系统提示先指定
一个曲面。

（2）选择圆柱面。

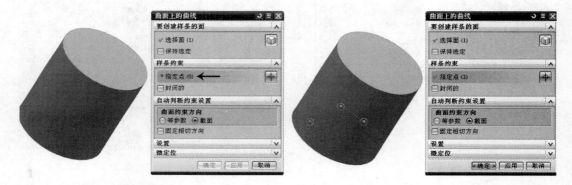

（3）指定曲线的结构点。

（4）依次指定结构点，指定的过程中点
是可以调节的。

（5）完成后的曲线就约束在圆柱面上了。

5.4　间接曲线

间接创建曲线是在已有曲线或曲面的基础上，运用系统内置的运算规律间接创建空间曲线的方法。

间接曲线有"桥接"、"偏配曲线"、"面中的偏置曲线"、"投影曲线"、"组合投影"、"镜像曲线"、"相交曲线"、"截面曲线"、"抽取曲线"等，下面介绍其中部分命令的用法。

5.4.1　桥接曲线

桥接曲线可以在二条曲线之间创建相切圆角曲线。

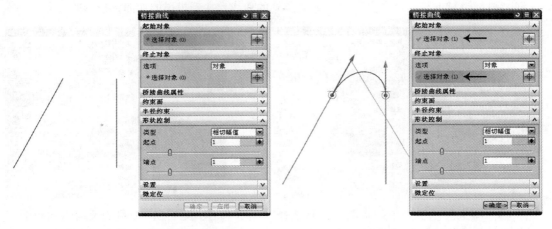

（1）启动"桥接曲线"调出桥接曲线对话框。

（2）依次选择二条曲线的端点就可以创建一条桥接曲线。

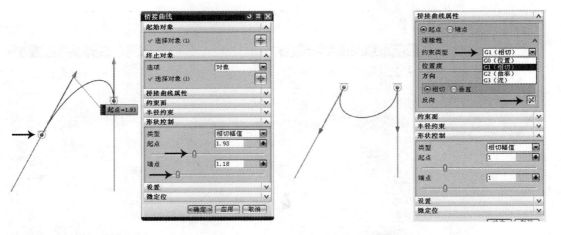

（3）桥接曲线的起点位置可以通过拖拉箭头处的圆形图标移动，曲线的曲率可以通过改变对话框上的相切幅值调节。

（4）在桥接曲线属性对话框里可以选择桥接曲线的约束类型，还能改变曲线的桥接方向。

5.4.2 投影曲线

将曲线、边、点投影到曲面或平面上。

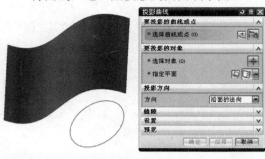

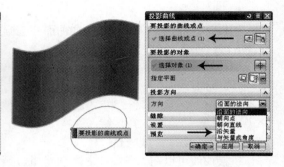

（1）启动"投影曲线"调出投影曲线对话框。

（2）根据对话框的提示依次选择要投影的曲线、接受投影的曲面、投影的方向。

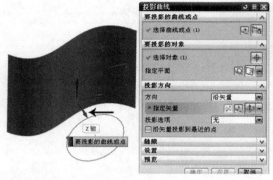

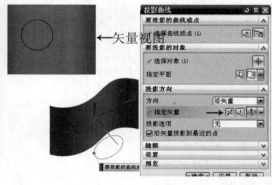

←矢量视图

（3）图上出现了一个矢量图标提示选择哪个矢量投影方向，这里选择箭头所指的矢量方向。

（4）此示例要向矢量的反向方向投影，再点选箭头所指的反向图标，点确定完成投影，左上方小图是从矢量方向观察的效果。

5.4.3 偏置曲线

将曲线以一定的参数偏置。

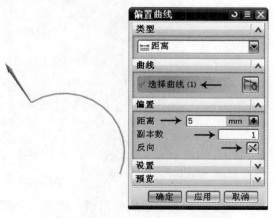

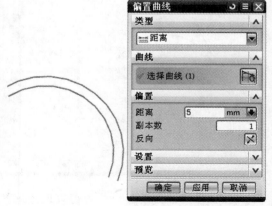

（1）调出偏置对话选，设定好偏置距离、数量、方向并选择要偏置的曲线。

（2）图中产生了一条偏置出的曲线。

5.4.4　面中的偏置曲线

沿曲线所在的面将曲线以一定的参数偏置。

（1）调出偏置对话选，设定好偏置距离、数量、方向并选择要偏置的曲线。

（2）点"应用"完成偏置，偏置完成的曲线约束在所选的曲面上。

5.4.5　组合投影

组合现有二条曲线的交集创建新的曲线。

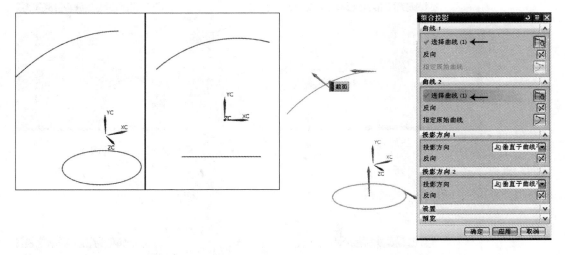

（1）工作区域中有二条曲线，相对位置如右上图所示。

（2）执行组合投影依次指定二条曲线。

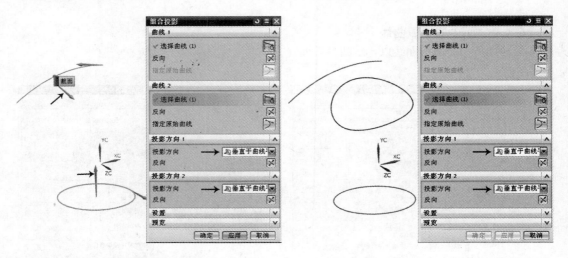

（3）通过工作区域投影方向箭头的提示，分别设定二条曲线的投影方向。

（4）点"应用"完成组合投影，投影出的曲线在投影方向上与输入曲线相重合。

5.4.6 镜像曲线

穿过某一平面对曲线进行镜像操作。

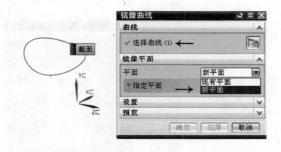

（1）指定曲线和平面，图中没有现成的平面，通过下拉菜单选"新平面"。

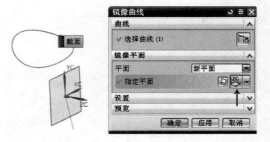

（2）通过下拉菜单选定 XY 平面。

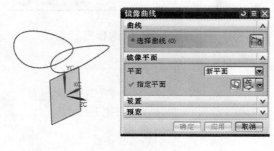

（3）点"应用"镜像出新的曲线。

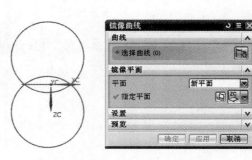

（4）从平行于 XY 平面的视角观察。

5.4.7　相交曲线

创建二个对象集之间的相交曲线。

（1）求出工作区域中二个圆柱体的相交线。

（2）依次选定大圆柱面和小圆柱面。

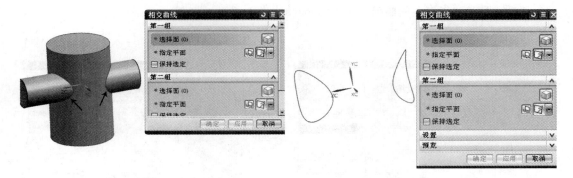

（3）点"应用"求出相交线。

（4）将二个圆柱体隐藏后观察相交曲线。

5.4.8　截面曲线

通过平面与体、面或曲线相交来创建曲线或点。

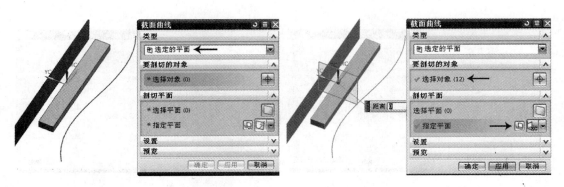

（1）选择操作类型为"选定的平面"。

（2）将图中的对象全部选中，再选择 ZY 平面。

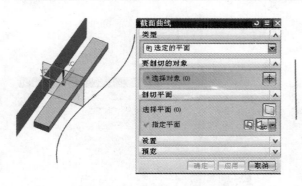

（3）点"应用"求出截面线。

（4）隐藏掉原来物体进行观察，生成了点、线、矩形。

5.4.9 Isoparametric Curve

可以按距离参数抽取曲面上的结构线。这个命令在 NX7.5 版本里是集合在"抽取曲线"命令功能里的，在 NX8.0 的版本里单独设计成了一个命令，如果在曲线工具条里没有找到，执行"插入"→"来自体的曲线"→"Isoparametric Curve"。

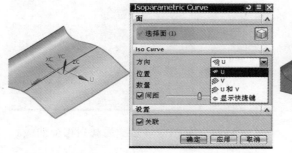

（1）选取曲面，并指定将生成等距线的方向为"U"。

（2）曲面的距离为 0-100，通过数值指定曲线在曲面中的位置，点"应用"生成 U 向曲线。

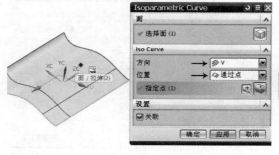
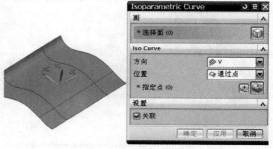

（3）将方向变为"V"，位置变为"通过点"，并在曲面上指定一个点。

（4）点"应用"在刚才指定点的位置又会产生 V 向曲线。

5.5　曲线编辑

在曲线创建完成后，有些曲线的形状参数并不能满足设计要求，需要用户根据设计要求通过曲线编辑功能来修改调整曲线。本节将介绍曲线编辑的操作。

NX 的曲线编辑功能集合在曲线编辑工具条里（如图 5-10）。

图 5-10　编辑曲线工具条

5.5.1　编辑曲线参数

针对不同类型的曲线以回到曲线建立时的参数进行编辑和修改。

（1）点击编辑曲线参数图标调出选取曲线对话框如右图（也可双击曲线实现）。

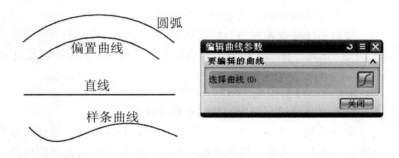

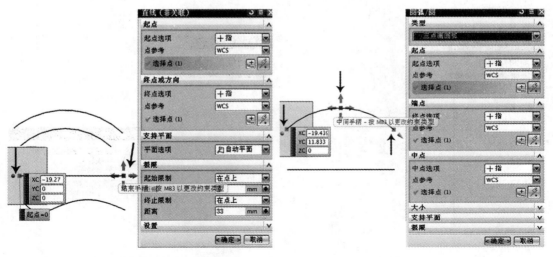

（2）直线的修改可以通过新建直线对话框修改细节参数，也可以直接拖拉直线的二个端点进行。

（3）圆弧的修改可以通过新建圆弧对话框修改细节参数，也可以直接拖拉圆弧的三个结构点。

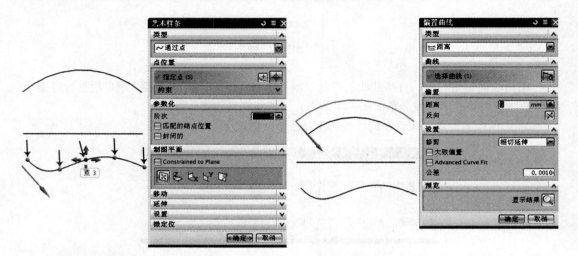

（4）样条曲线的修改通过新建样条曲线对话框修改细节参数，也可以直接拖拉样条曲线上的各个结构点进行。

（5）偏置曲线的修改（曲线要具有关联属性）通过新建偏置曲线对话框修改细节参数。

5.5.2　修剪曲线

修剪或延伸曲线到选定的边界对象。

修剪曲线命令和前面介绍的基本曲线功能面板里的"修剪曲线"（见5.2.2之3修剪曲线）的用法是一样的，读者可以去相关章节查询，这里不再重复介绍。

5.5.3　修剪拐角

修剪二条曲线至它们的共同点形成拐角。

命令的用法非常简单，但是这个命令在使用后会将操作对象的参数去除，这个去除可以理解为原来具有关联属性的曲线在执行这个命令以后关联的属性会被去除（关联属性见本书2.7.2关联）。

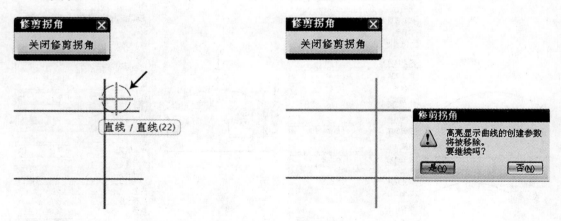

（1）执行修剪拐角命令，用光标同时接触到二根直线并使光标处于将要被修剪的位置。

（2）弹出移除参数对话框，点"确定"。

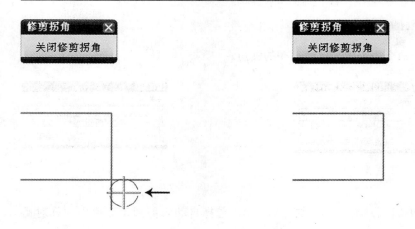

（3）第一个拐角修剪完成，继续进行修剪，注意光标的位置。

（4）点左上角对话框"关闭修剪操作"，完成命令。

5.5.4　分割曲线

将曲线分为多段。

分割曲线的方法比较多，常用的是等分曲线和按边界分割曲线。

等分曲线：

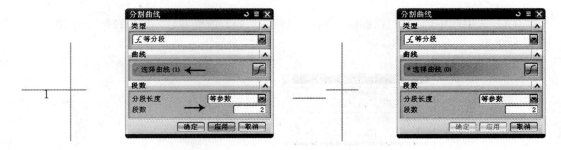

（1）选择曲线 1 为要分割的曲线，并设置等分的数量。

（2）点"应用"完成等分，以上是等分完后移动过的图形。

按边界对象分割曲线：

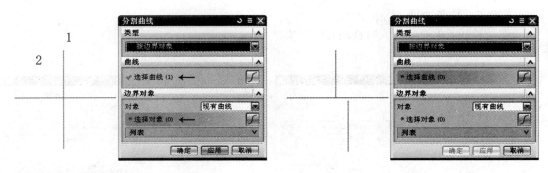

（1）选择曲线 1 为要分割的曲线，曲线 2 为边界对象。

（2）点"应用"完成分割，以上是分割完后移动过的图形。

5.5.5　编辑圆角

编辑圆角曲线，这个命令用来编辑已经存在的圆角。

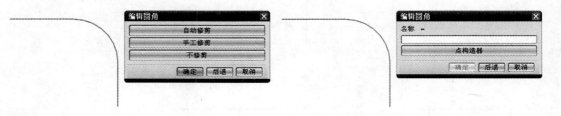

（1）点击命令弹出编辑圆角对话框，这里有三种修剪方式。

（2）选择自动修剪圆角后跳出选择对话框。

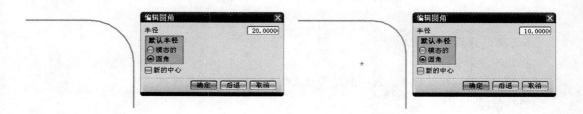

（3）选中图中的二段直线和圆角共三个对象后跳出一个参数对话框。

（4）改变参数，把半径值改为10。

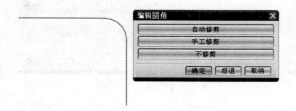

（5）点"确定"图形的圆角半径发生变化。

5.5.6　拉长曲线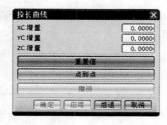

在拉长或收缩直线的同时移动几何对象。

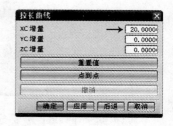

（1）点击命令弹出拉长曲线对话框。

（2）选中场景中的直线，并输入位移参数。

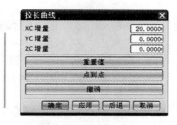

（3）点"应用"直线沿 X 方向移动了
20。

（4）选中直线的上端点，并输入位移参数。

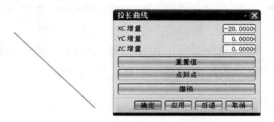

（5）点"应用"直线的上端点沿 X 负方
向移动了 20。

5.5.7　曲线长度

使曲线沿端点延伸或缩短一段长度，使曲线达到一定的总长。

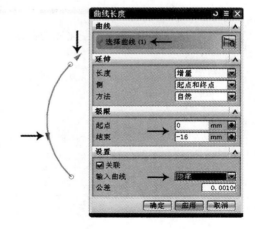

（1）点击命令弹出曲线长度对话框。

（2）选中场景中的曲线，输入曲线端点
的伸缩数值或直接拖拉曲线端点的箭头。

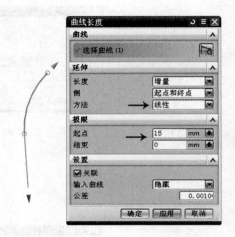

（3）点"应用"得到变化后的曲线。

（4）将曲线的伸缩方法改为"线性"，输入曲线端点的伸缩数值或直接拖拉曲线端点的箭头。

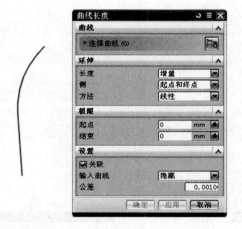

（5）点"应用"得到变化后的曲线。

5.5.8 光顺样条

通过曲率大小或曲率变化移除曲线中的小缺陷。

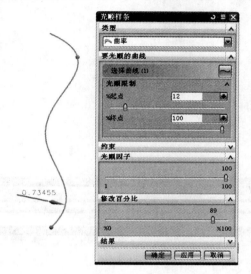
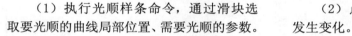

（1）执行光顺样条命令，通过滑块选取要光顺的曲线局部位置、需要光顺的参数。

（2）点"应用"完成光顺，曲线曲率发生变化。

5.6 曲线实例

5.6.1 实例 1 8 字形线框

不使用草图命令，用曲线功能完成如图 5-11 的实例，没有尺寸的曲线要求经过圆的象限点并满足相切要求。

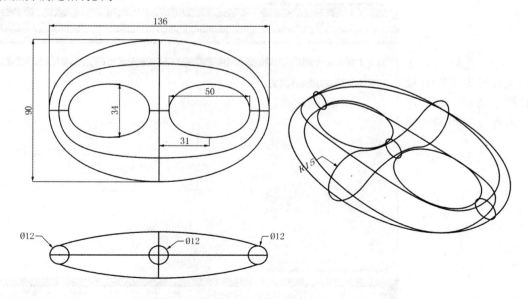

图 5-11 曲线实例 1

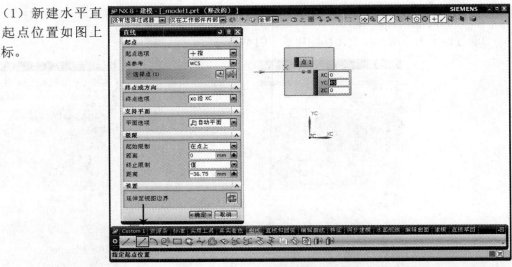

（1）新建水平直线，起点位置如图上的坐标。

（2）新建垂直直线，起点位置如图上的坐标。

（3）用桥接曲线功能并捕捉现有直线的两个端点，制作出与两条直线相切的圆弧。

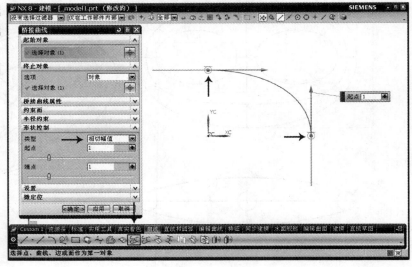

（4）同样的方法制作出一段小圆弧。

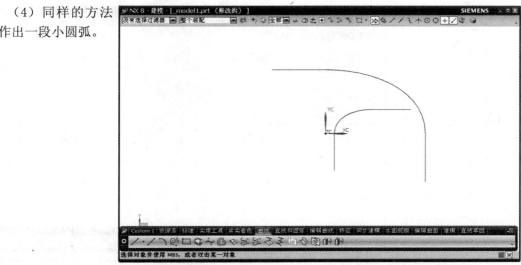

（5）改变视角并隐藏掉直线。

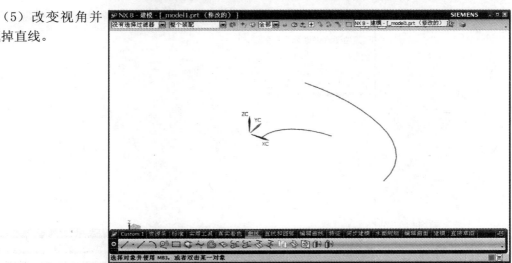

（6）对大的圆弧进行镜像操作，注意选择 ZY 为镜像平面。

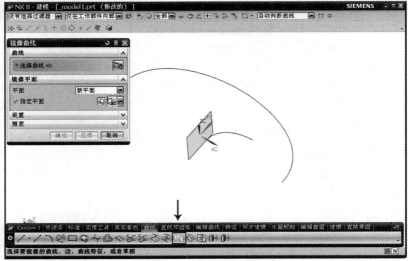

（7）使用标准工具条里的"变换"命令，对小圆弧进行镜像操作。

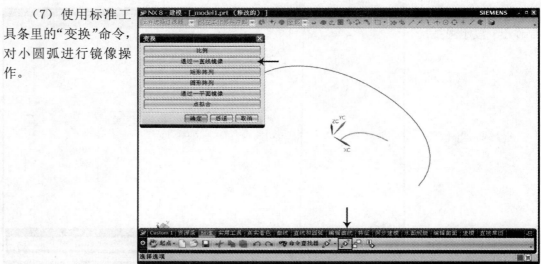

（8）选择"点和矢量"。

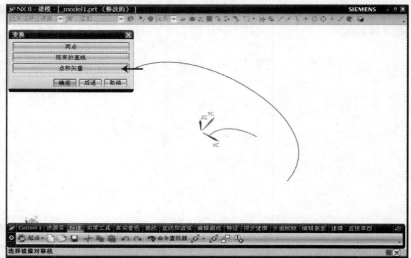

（9）指定图中箭头所指的端点和轴向。

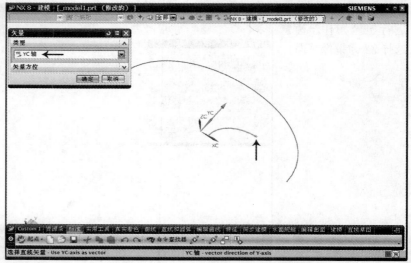

（10）点"复制"完成曲线镜像，注意退出这个对话框时要点"取消"，如果点"确定"会镜像出二条曲线。

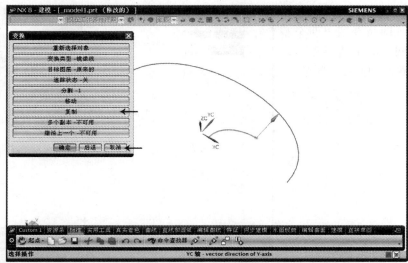

（11）小圆弧镜像完成。

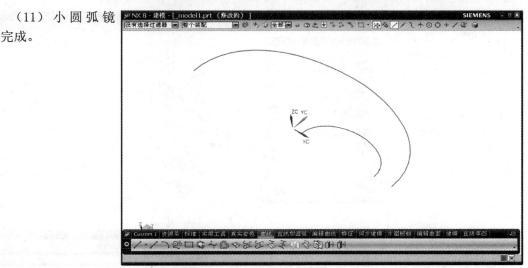

（12）画出如图所示的四条直线，水平长度分别是 12、30，高度分别是 6、15。

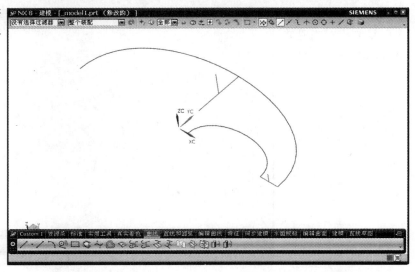

（13）通过三点画圆命令画出两个整圆，图中的黑点为画图时的捕捉位置。

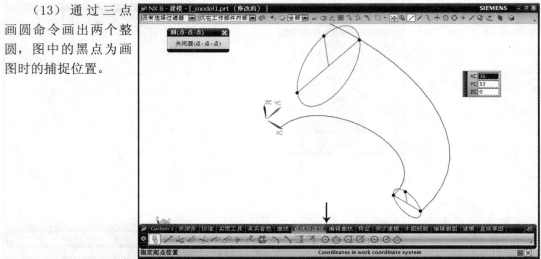

（14）使用标准工具条里的"移动对象"命令，对小圆弧及直径 12 的圆进行复制，右边箭头所指点为出发点，左边箭头所指的点为终止点。

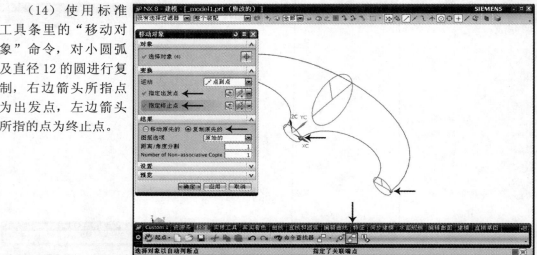

（15）同样的方法再复制出最左边的小圆。

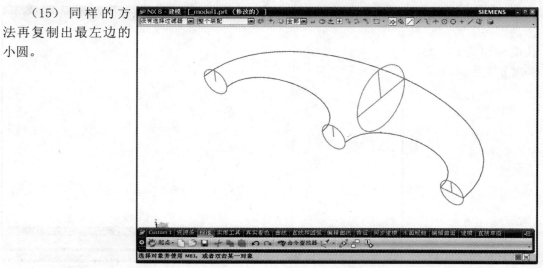

（16）再次镜像复制出下半部分的圆弧。

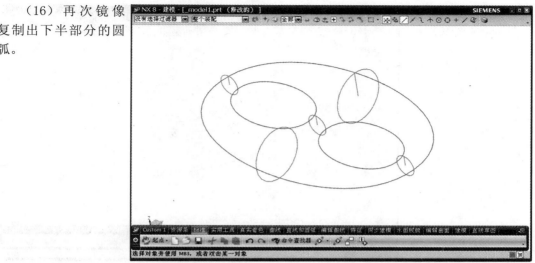

（17）画出如图所示的一根水平线。

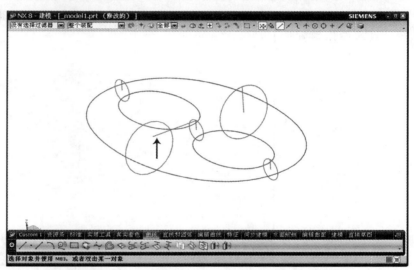

（18）采用"相切 - 相切 - 相切"方式画圆，要求圆与图中箭头所指的三个图形相切。

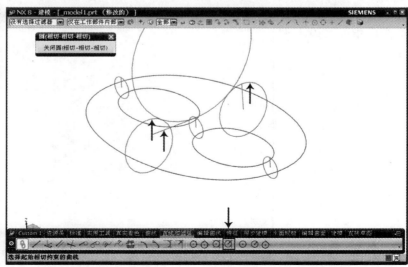

（19）修剪得到如图所示的图形。

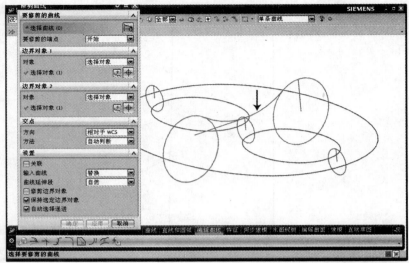

（20）继续镜像和 h 修剪操作得到如图所示图形。

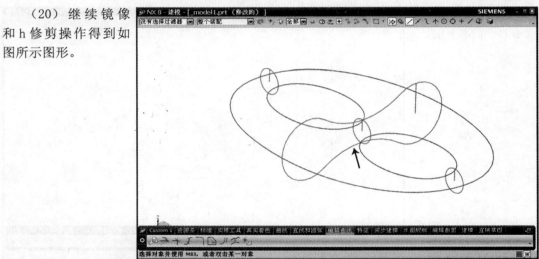

（21）画出图中箭头所指的二根水平线。

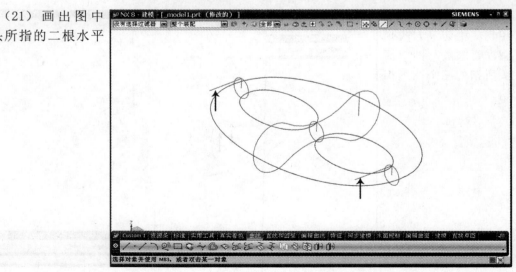

（22）用艺术样条命令画样条，第一步捕捉刚画的水平线的端点并指定"G1（相切）"连接。

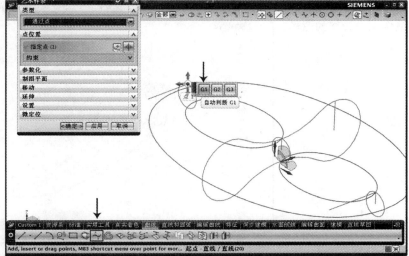

（23）第二个捕捉点是图中中间箭头所指的点，第三个捕捉点是右下方水平线的端点并指定"G1（相切）"连接。

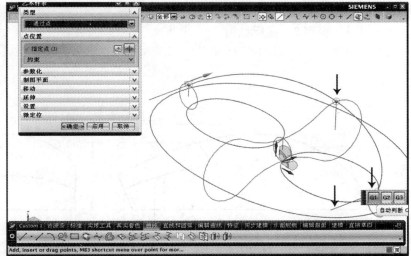

（24）完成的艺术样条。

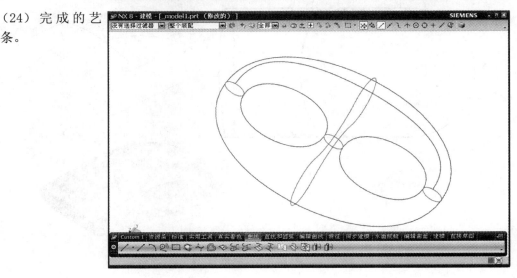

（25）通过两次镜像完成最终的图形。

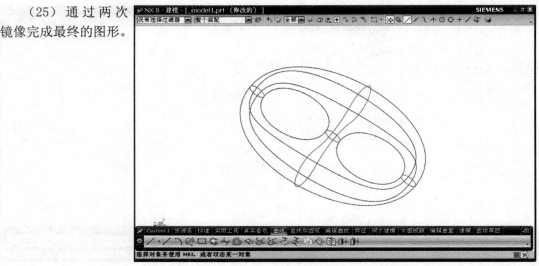

5.6.2 实例 2 鼠标线框

使用草图和曲线相结合完成如图 5-12 实例的线框部分。

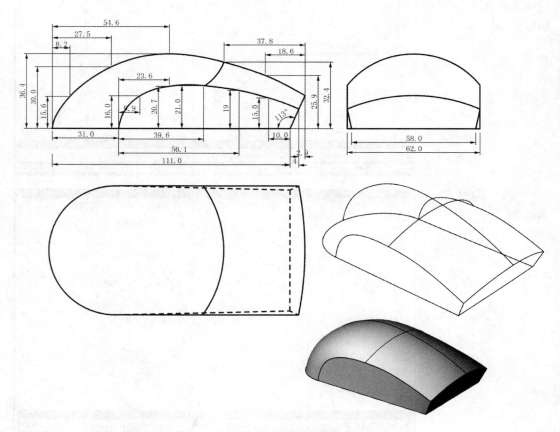

图 5-12 曲线实例 2

（1）在 XY 平面新建草图并完成如图所示。

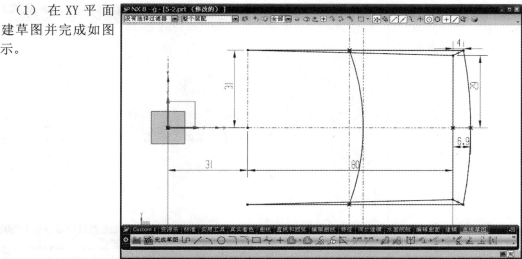

（2）使用草图里的"艺术样条"命令选择做出如图所示的样条，并与箭头所指的二条直线相切。

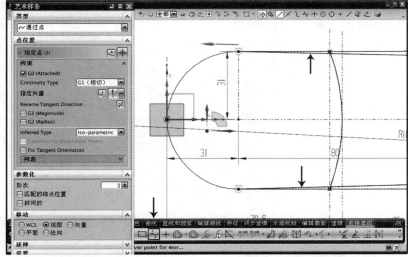

（3）在 ZY 平面新建草图，使用草图工具条的"点"命令画出所需要的点并标上尺寸。

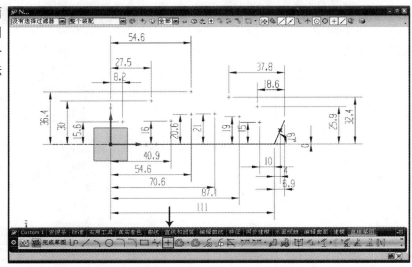

（4）用"艺术样条"命令依次选择点创建出如图所示的样条。

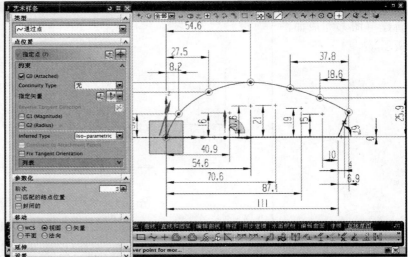

（5）创建第二根样条并退出草图。

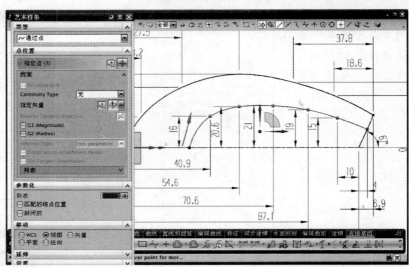

（6）用"显示和隐藏"命令隐藏掉草图上的点以便观察。

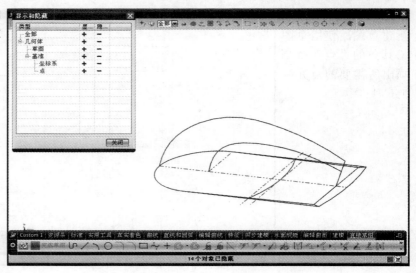

（7）使用曲线工具条的"组合投影"命令对图中箭头所指的二条线进行组合投影。

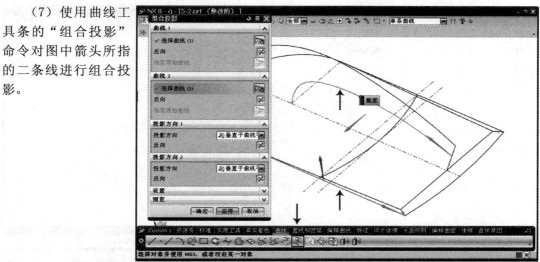

（8）投影得到图中箭头所指的曲线。

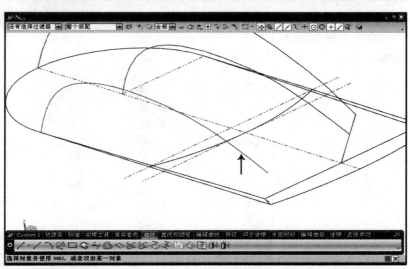

（9）画出图中箭头所指的线段。

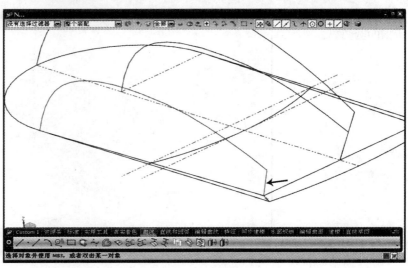

（10）对前二步得到的曲线进行镜像操作，得到如图所示图形。

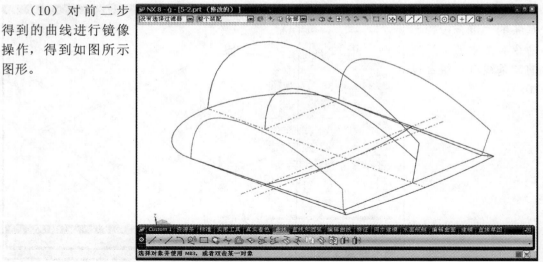

（11）通过捕捉端点画出如图所示的圆弧。

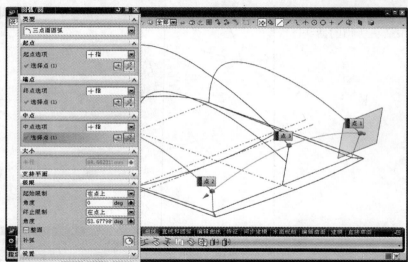

（12）拉伸箭头所指的圆弧。

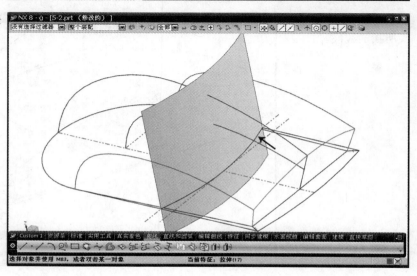

（13）"插入"→"基准／点"→"点"创建一个曲面与曲线的交点。

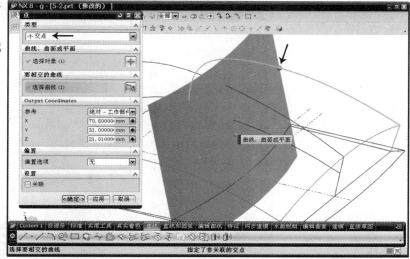

（14）继续创建图中箭头所示的二个新点，并连接三个点形成一个圆弧。

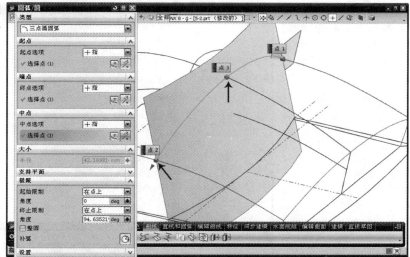

（15）用建模工具条里的"复合曲线"命令将箭头所指的草图曲线转换为曲线。

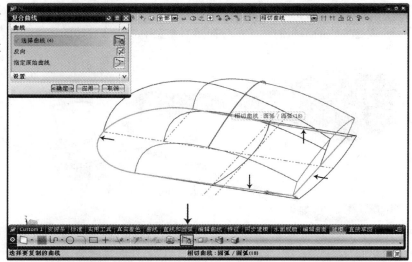

（16）继续转换箭头所指的草图曲线。

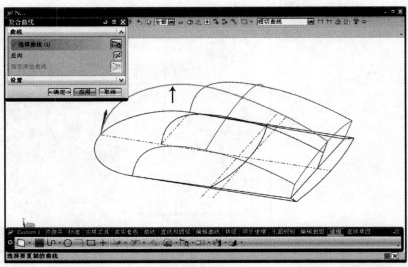

（17）将草图隐藏得到完成后的线框。

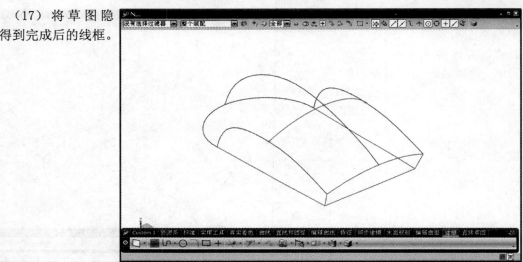

5.6.3　实例3　勺子线框

通过左边的两张照片（照片在随书光盘中）完成右边的线框结构。

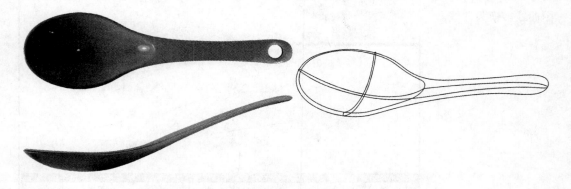

图 5-13　曲线实例 3

（1）按如图所示的步骤准备调入 TIF 图。

（2）调入勺子顶面的图片并放在 XY 平面上。

（3）调入勺子正面的图片，调入后旋转手柄，将图片放置在 ZX 平面上。

（4）通过实用工具条里的"测量"工具，测出图片的宽度值。

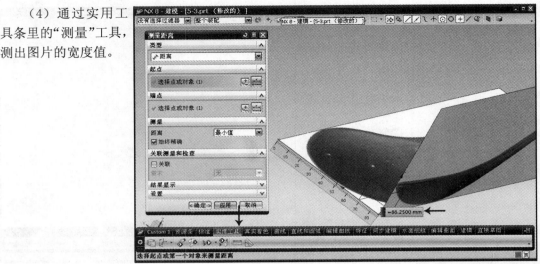

（5）将图片移动到以 X 轴为中心的位置，移动距离正好是刚才测量值的一半，但是移完的图片出现错误。

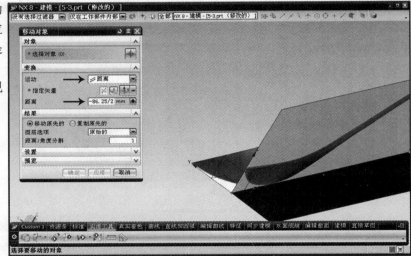

（6）双击图片再次调出图片对话框，图片会自动调整。

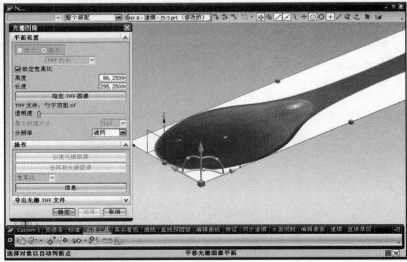

（7）现在当光标停在图片上时，图片会变成红色，不方便观察图片。

（8）进入"首选项"→"选择"关闭箭头所指的选项。

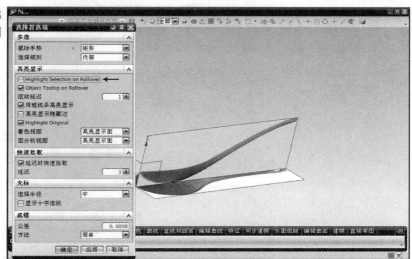

（9）画出如图所示的二条竖线，直线的起点在 X 轴上。

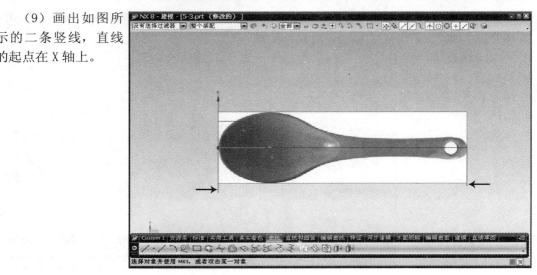

（10）对着轮廓边界描点。

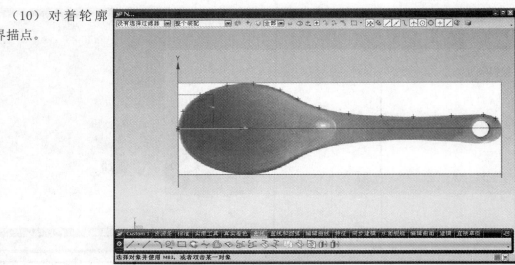

（11）画艺术样条并依次通过上步的描点并且和两边的直线相切（也可以不描点直接画样条）。

（12）先画出箭头所指的两根直线，再对第一根样条曲线进行偏置，偏置的数值通过测量小箭头所指的两个端点间的距离得到。

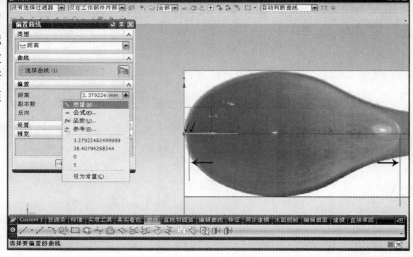

（13）偏置完成的图形。

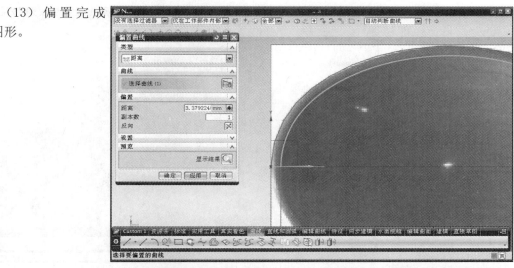

（14）画出如图所示的非偏置的样条曲线。

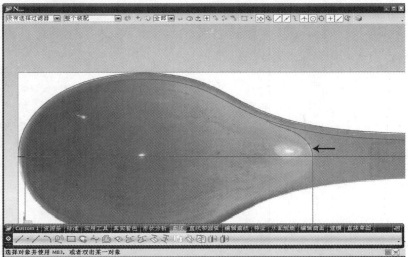

（15）对上二步所做的图形进行桥接，桥接的位置大致如图所示，桥接时打开形状分析工具条里的"曲率梳"命令，这个命令可以查看曲线是否平缓，通过调节桥接点的位置使桥接曲线的曲率梳如图所示。

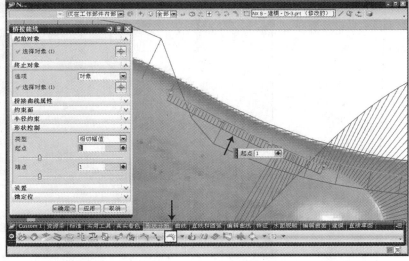

（16）桥接完成后对前两根曲线进行分割。

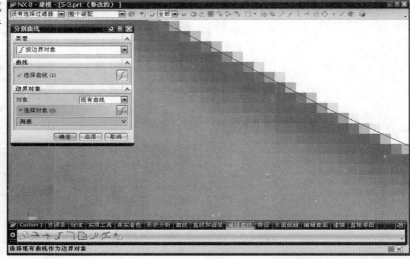

（17）分割完成后的图形。

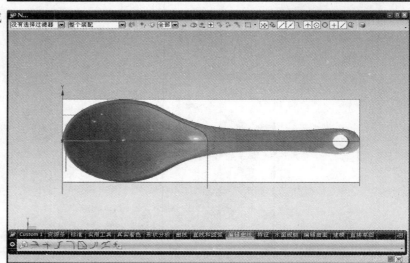

（18）切换到正视图按图形轮廓创建点。

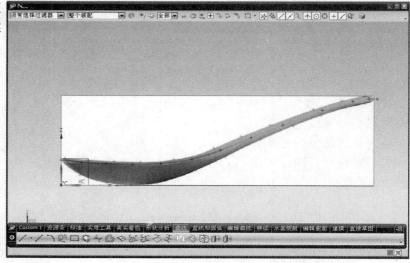

（19）通过描点构建样条曲线。

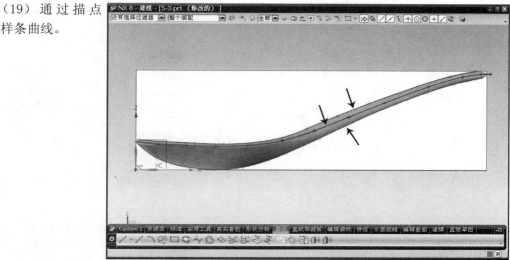

（20）使用组合投影命令对箭头所指的二根曲线进行组合投影操作。

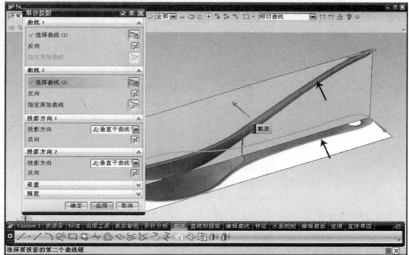

（21）使用组合投影命令对箭头所指的二根曲线进行操作，但是这里出现了操作失败。

（22）将刚才组合投影失败的两根曲线进行拉伸，然后求出拉伸面的相交线。

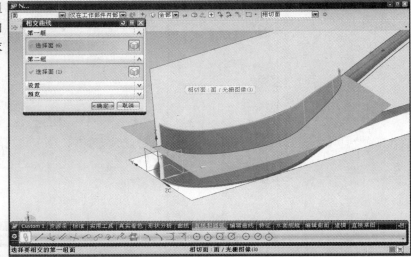

（23）隐藏掉不需要的物体得到如图所示的图形。

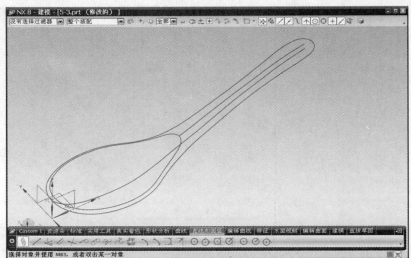

（24）将勺子手柄端部的曲线用艺术样条补上。

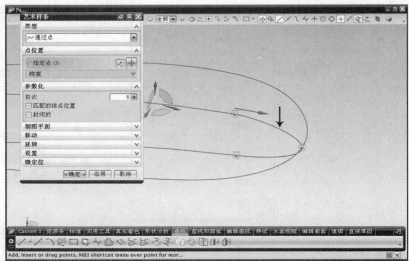

（25）使用截面曲线命令在曲线上添加点。

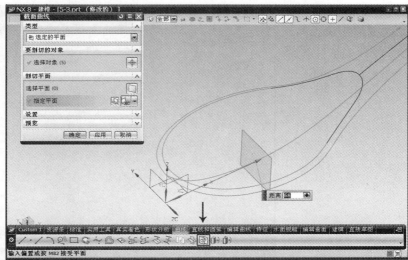

（26）添加完点后，将下面箭头所指的点向上移动一个值（数值为测量左边箭头所指两个点间的距离）。

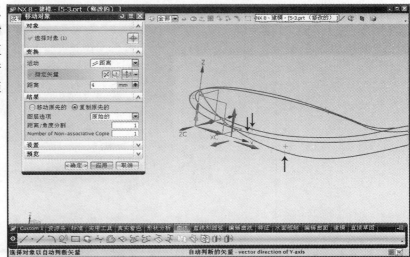

（27）通过捕捉点的方式添加三段圆弧。

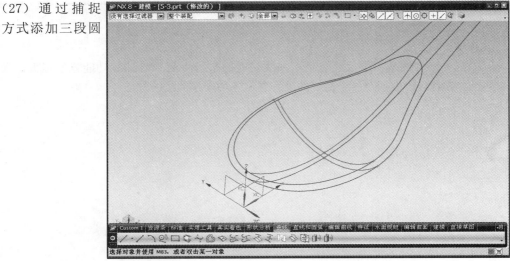

（28）用桥接命令完成箭头所指的三个小圆弧。

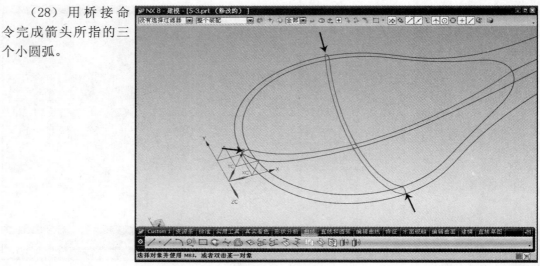

（29）完成后的勺子结构框架。

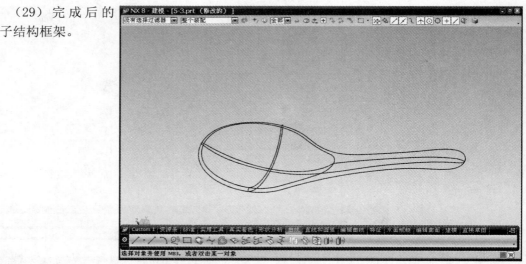

总结：

以上三个实例基本上已经包括了曲线功能的常用命令，NX 曲线功能方便强大，操作方法灵活，读者可以根据对各个命令的理解尝试各种创建曲线的方法。

第 6 章　UG NX8.0 同步建模

NX 同步建模技术不同于前面章节所介绍的建模方法，同步建模技术在参数化和基于历史记录的基础上又前进了一大步，在没有历史记录的情况下参与模型的修改和编辑，为设计人员对模型进行编辑、评估提供了强大的技术支持。

本章重点
- 同步建模概述
- 同步建模的命令
- 操作实例

6.1　同步建模概述

同步建模可以为设计改变提供独特而强大的功能，同步建模的理念是修改模型的当前状态而不用考虑模型是怎样构建的。操作面可以被修改而不必以特定形式或顺序构建模型，也不用在规定方式中编辑。

同步特征是独立的不用受历史特征的约束，同步技术可以提供一种新的建模构架，使用者可以方便地修改模型的特征参数而不用考虑模型的原点、关联性及历史特征记录。操作的模型也可以是其它 CAD 软件绘制的、非关联的、没有历史记录的。

NX 操作系统里有一个同步建模的工具条如图 6-1 所示。

图 6-1　同步建模工具条

6.2　同步建模的命令

6.2.1　移动面

移动一组面并调整要适应的相邻面。

（1）执行移动面命令，弹出对话框，选中图中所指的面。

（2）拖动面或在数值栏输入要移动的距离。

（3）勾选对称选项，模型的另一边自动发生变化。

（4）点"应用"完成移动面操作。

6.2.2 拉出面

通过拉出面给模型添加材料或给模型减少材料，这个命令和拉伸命令的用法相类似。

（1）执行拉出面命令，弹出对话框，选中图中所指的面。

（2）拖动面或在数值栏输入要拉出的距离。

（3）如果要除料操作就需要反向拉出。　　（4）点"应用"完成拉出面操作。

6.2.3　偏置区域

从当前位置偏置一组面，并自动调节相邻的面相适应。

（1）执行偏置区域命令，弹出对话框，选中图中所指的面。

（2）拖动面向外偏置，发现面的变化与边上的面是相适应的。

（3）与可以拖动进行反向偏置。

（4）打开"偏置"选项模型的另一面也发生了变化。

（5）打开"对称"选项，与被选中的面有对称关系的面也跟着变化。

（6）在对称情况下向外拉伸，点"应用"完成操作。

6.2.4 调整大小

更改圆柱形或球形面的直径，并调整相邻的面以适应。

（1）执行调整大小命令，弹出对话框，选中图中箭头所指的圆柱面。

（2）输入一个新的直径值，点"应用"圆柱面产生变化。

（3）选中一个小圆柱面，勾选"等半径"选项，系统会自动找到所有与它半径相等的圆柱面。

（4）输入一个新的直径值，点"应用"两个圆柱面同时产生变化。

6.2.5　替换面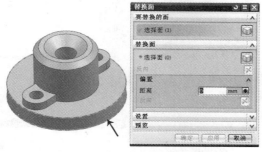

将一组面的表面结构替换为另一组面的表面结构。

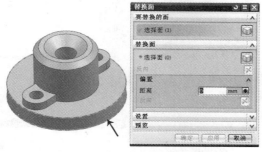
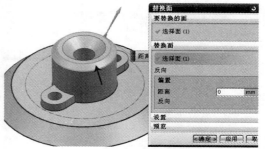

（1）执行替换面命令，弹出对话框，选中图中箭头所指的圆柱面为要替换的面。

（2）选中图中箭头所指的导角圆锥面为替换面。

（3）拖动偏置箭头或输入数值对替换面进行偏置，要替换的面也会跟着变化。

（4）点"应用"完成替换面操作。

6.2.6　删除面

从实体中删除一个面或一组面，并调整相邻的面自动适应。

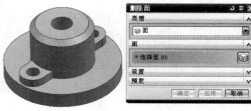

（1）执行删除面命令，弹出对话框，选中图中箭头所指的面为要删除的面。

（2）点"应用"完成删除面操作。

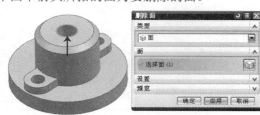

（3）选中图中箭头所指的内孔面为要删除的面。

（4）点"应用"完成删除面操作。

（5）选中图中箭头所指的一组凸台面（共4个面）为要删除的面。

（6）点"应用"完成删除面操作。

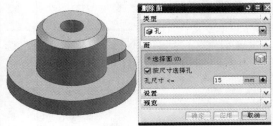

（7）删除类型改为"孔"，设定一界限值后点选实体，所有小于此值的孔全被选中。

（8）点"应用"完成删除孔操作。

6.2.7 镜像面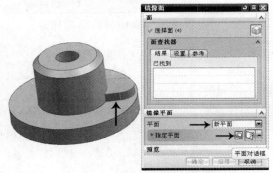

复制一组面并跨平面镜像。

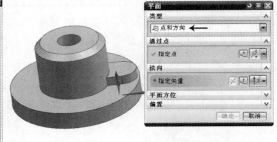

（1）执行镜像面命令，弹出对话框，选中图中箭头所指的凸台面（共4个面）为要镜像的面。

（2）点新建平面图标，指定新建平面的类型为"点和方向"。

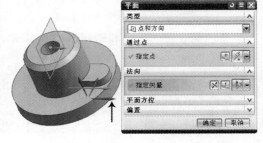

（3）选中箭头所指的圆心点为平面的基准点。

（4）选择箭头所指的轴向箭头为平面方向。

（5）点"确定"退出新建平面对话框回到镜像面命令对话框。

（6）点"应用"完成镜像面操作。

6.2.8　复制面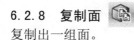

复制出一组面。

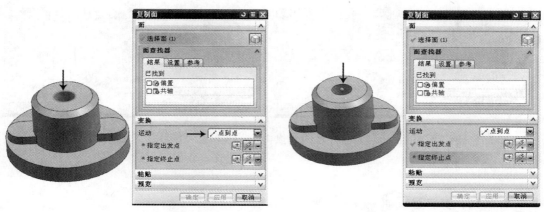

（1）执行复制面命令，弹出对话框，选中图中箭头所指圆柱面为要复制的面，运动方式为"点到点"。

（2）指定箭头所指圆弧的中心点为出发点。

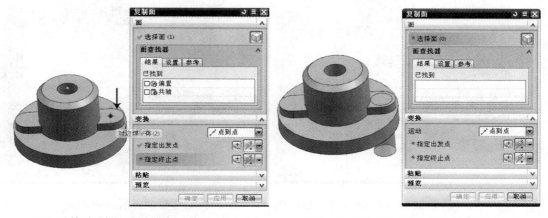

（3）以箭头所指圆弧的中心点为终止点。

（4）点"应用"复制出新的圆柱面。

6.2.9 粘贴面

通过增加或减少面来修改片体。

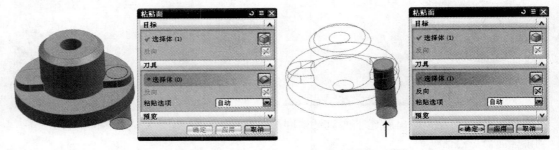

（1）执行粘贴面命令，弹出对话框，选中图中的实体为目标体。

（2）选中图中箭头指的圆柱面为刀具体。

（3）与操作意图相反点反向图标达到操作要求。

（4）点"应用"完成粘贴面操作，在实体上完成一个孔。

6.2.10 剪切面

复制实体中的一组面同时将它从实体上删除。

（1）执行剪切面命令，弹出对话框，选中图中箭头所指的圆柱面。

（2）移动并复制出所选中的面。

（3）点"应用"完成剪切面命令，刚才
所复制的面已从实体上删除。

6.2.11　图样面

在矩形或圆形阵列中复制一组面，并将面添加到体中。

（1）执行图样面命令，弹出对话框，选
中图中的箭头所指的圆柱面。

（2）采用圆形阵列轴向为 Z 轴，中心点
指定为箭头所指圆弧的中心点。

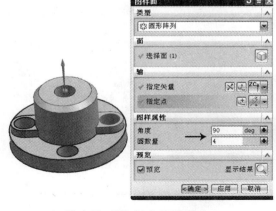

（3）设定阵列的角度的数量。

（4）点"应用"完成图样面命令，在实
体中阵列出三个孔。

6.2.12　设置面之间的相互约束关系

同步建模技术除了前面介绍的操作面的功能以外，还可以设置面与面之间的约束关系，具体工具如图 6-2 所示，这些命令的操作方式基本相同这里介绍其中的部分命令。

图 6-2 面约束工具

1）设为共面

修改一个平面与另一个平面为共面。

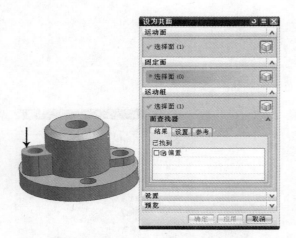

（1）执行设为共面命令，弹出对话框，选中图中的箭头所指的面为运动面。

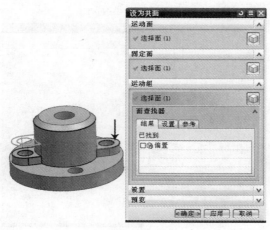

（2）选中箭头所指的面为固定面。

（3）点"应用"完成设为共面命令，运动面变化到与固定面共面。

2）设为共轴

修改一个圆柱面与另一个圆柱面为共轴。

（1）执行设为共轴命令，弹出对话框，选中图中的箭头 1 所指的面为运动面，箭头 2 所指的面为固定面。

（2）点"应用"完成设为共轴命令，运动面变化到与固定面共轴。

3）设为偏置

修改一个面与另一个面为偏置关系。

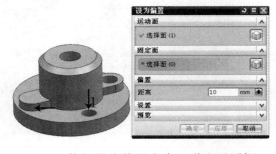 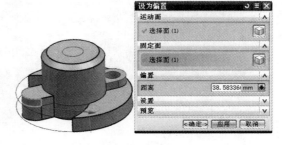

（1）执行设为偏置命令，弹出对话框，选中图中的箭头 1 所指的面为运动面，箭头 2 所指的面为固定面。

（2）面选择完成以后，图形变化较大，需要调整数值。

 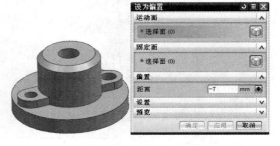

（3）拖动箭头图标或输入距离数值。

（4）点"应用"完成设为偏置命令，所选取的两个面按距离变为偏置关系。

6.2.13 修改模型的特征尺寸

同步建模技术还可以针对特征尺寸进行操作，通过修改特征尺寸来编辑模型，修改尺寸工具如图 6-3 所示。

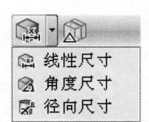

图 6-3 修改尺寸工具

1）线性尺寸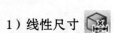

对一组面添加尺寸并使面适应尺寸的值。

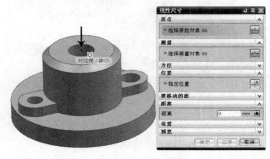

（1）执行线性尺寸命令，弹出对话框，选中图中箭头所指孔的中心点为原点对象。

（2）选中图中箭头所指孔的中心点为测量对象。

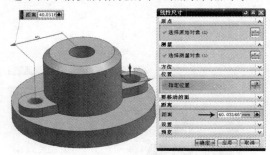

（3）拖动光标屏幕上显示出两点之间的距离值。

（4）输入一个新的距离值，点"应用"两个孔的距离产生变动，且只有第二个孔变动。

2）角度尺寸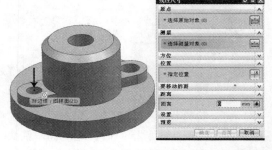

对一组面添加角度尺寸并使面适应尺寸的值。

（1）执行角度尺寸命令，弹出对话框，选中图中箭头所指的面为原点对象。

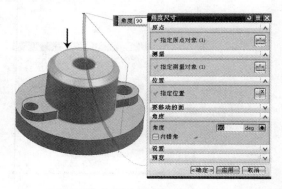

（2）再选中图中箭头所指圆柱凸台（共4 个面）为测量对象。

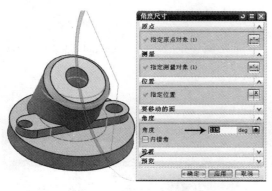 

（3）拖动手柄或输入参数确定一个新的
角度值。

（4）点"应用"，圆柱凸台与原点对象
之间的角度关系产生变化。

3）径向尺寸

对一组圆柱形的面添加径向尺寸并使面适应尺寸的值。

 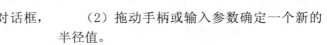

（1）执行径向尺寸命令，弹出对话框，
选中图中箭头所指的圆柱面。

（2）拖动手柄或输入参数确定一个新的
半径值。

（3）点"应用"，圆柱面的半径按新的
尺寸产生变化。

6.2.14 横截面编辑

命令会将实体模型用一个平面进行分割，分割面与实体模型之间产生截面轮廓线，再进入草图模式对轮廓线进行编辑。

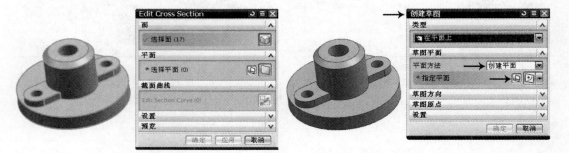

（1）执行横截面编辑命令，弹出对话框，选中实体的所有面，点"选择平面"图标。

（2）进入创建草图对话框，创建一个新的草图平面。

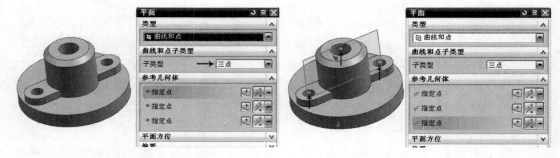

（3）用"曲线和点"的"三点"方式创建平面。

（4）选中图中箭头所指的三个中心点创建一个平面。

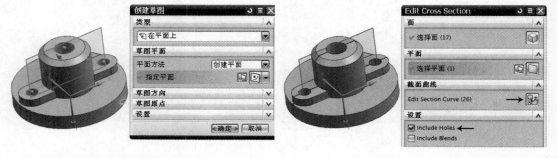

（5）确定在刚创建的平面上建立草图。

（6）勾选孔洞，点击草图编辑图标进入草图模式。

（7）进入到草图模式当中，平面与实体的相交截面线就是草图。

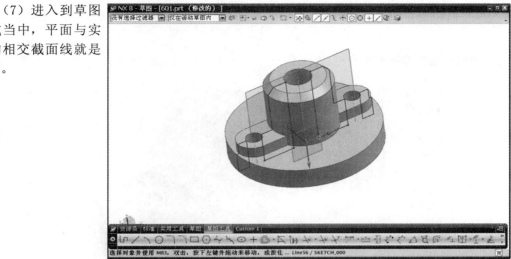

（8）对草图进行编辑。

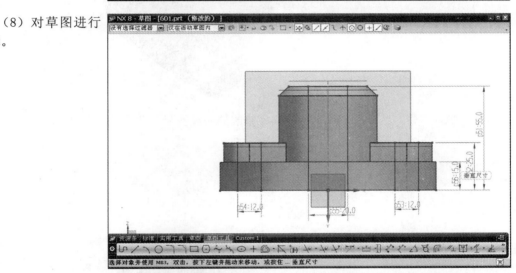

（9）退出草图模式，实体的形状会自动适应草图。

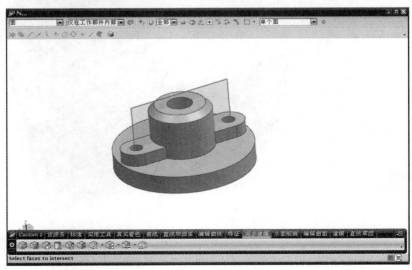

6.3 步建模实例

通过同步建模修改如图 6-4 所示的模型（尺寸不详），完成如图 6-5 所示的模型。

图 6-4 修改前的模型

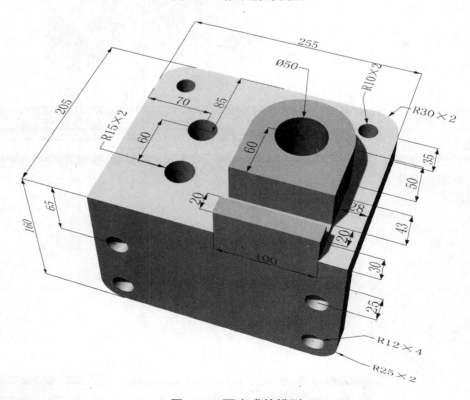

图 6-5 要完成的模型

（1）打开随书光盘里的范例文件如右图。

（2）用移动面命令，移动孔底的面，把箭头所指的三个孔修改成通孔。

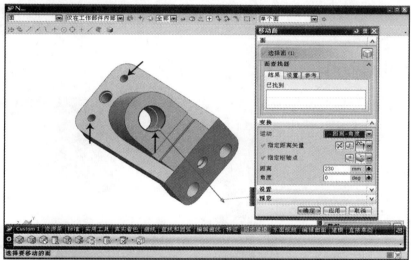

（3）用删除面里的删除孔功能，删掉箭头所指的两个孔。

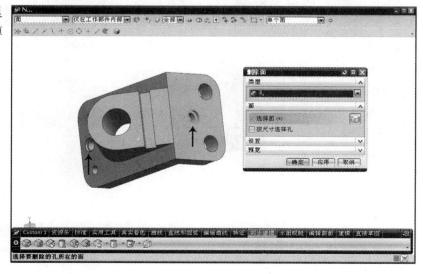

（4）用拉出面命令，对实体上的两个斜面进行拉伸，注意拉出的距离不能太长，如果太长会影响后续的操作。

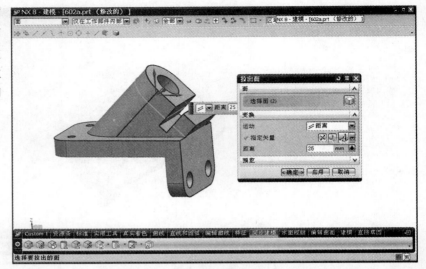

（5）通过角度尺寸命令，将拉伸出的面旋转，原点对象为箭头所指的面。

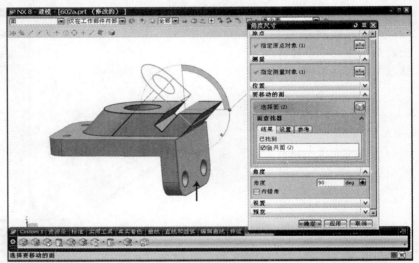

（6）用设为垂直命令，将箭头所指的面1设为运动面，箭头所指的面2设为固定面，注意勾选偏置功能使柱面3也跟着变化。

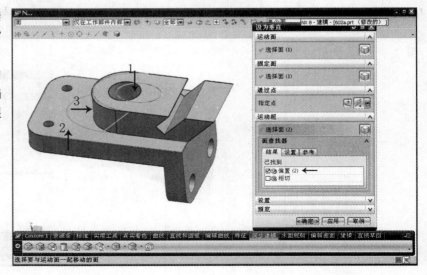

（7）用设为平行命令，将凹槽内的面1设为运动面，面2设为固定面，将面1修改成水平面。

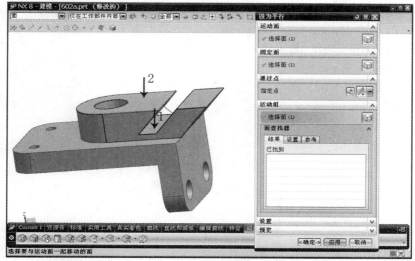

（8）用设为平行命令，将凹槽内的面1设为运动面，面2设为固定面，将面1修改成垂直面。

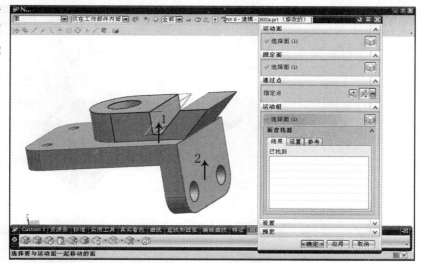

（9）继续修改模型至如图所示形状。

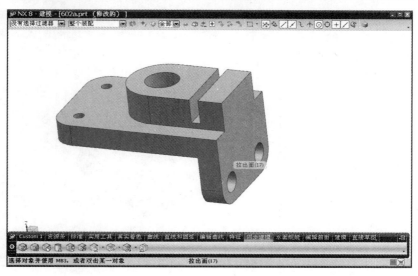

（10）调整倒角圆的半径至 30，注意勾选对称选项，使箭头所指的两个圆角同时变化。

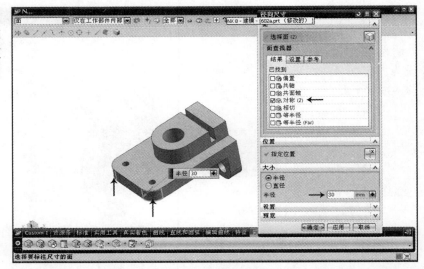

（11）捕捉两边端点测量实体的宽度数值，得到宽度为 135。

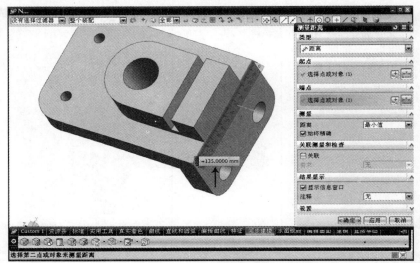

（12）用移动面命令，移动箭头所指的侧面，输入移动距离为"255-135"。

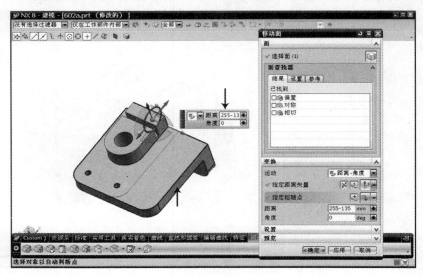

　　（13）用线性尺寸命令，捕捉点 1 为原点，点 2 为测量点，修改尺寸为 28。

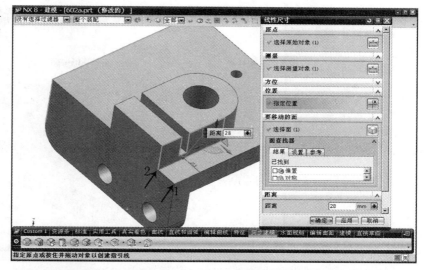

　　（14）用线性尺寸命令，捕捉点 1 为原点，点 2 为测量点，修改尺寸为 30。

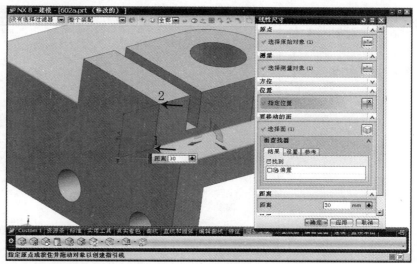

　　（15）用线性尺寸命令，捕捉点 1 为原点，点 2 为测量点，修改尺寸为 20。

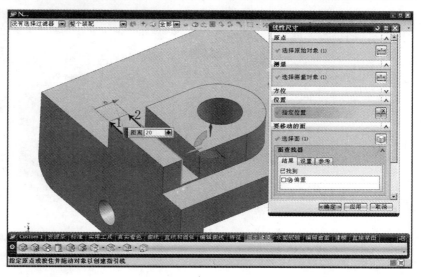

（16）用线性尺寸命令，捕捉点1为原点，点2为测量点，修改尺寸为20。

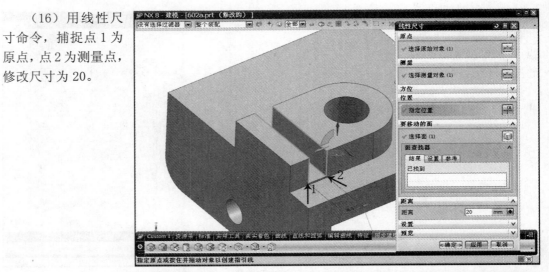

（17）用线性尺寸命令，捕捉点1为原点，点2为测量点，修改尺寸为50。

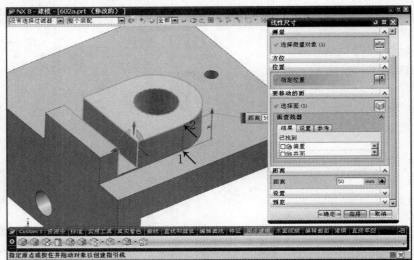

（18）用线性尺寸命令，捕捉点1为原点，点2为测量点，修改尺寸为43。

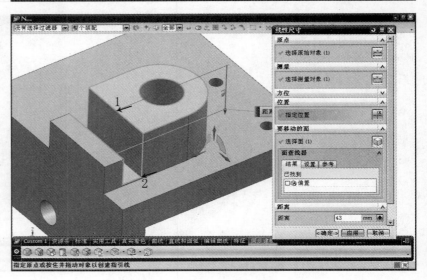

（19）用调整大小命令，将箭头所指的圆直径设为 50。

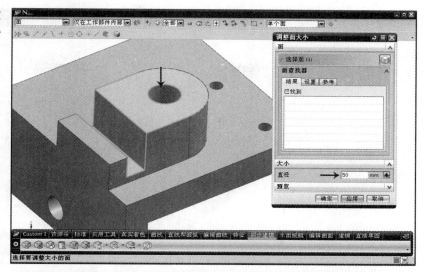

（20）用线性尺寸命令，捕捉点 1 为原点，点 2 为测量点，修改尺寸为 100。

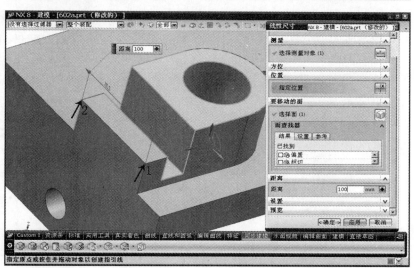

（21）用设为共轴命令，指定面 1 为运动面，面 2 为固定面，使两个面同心。

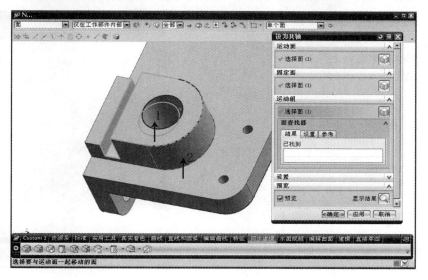

（22）用线性尺寸命令，捕捉点 1 为原点，点 2 为测量点，修改尺寸为 60。

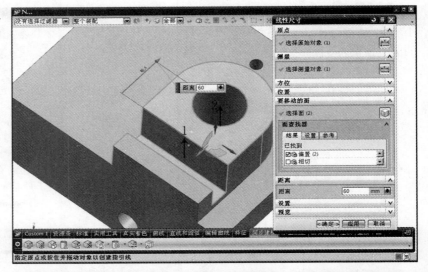

（23）用设为共轴命令，将两个小圆与倒角处的圆角设为同心。

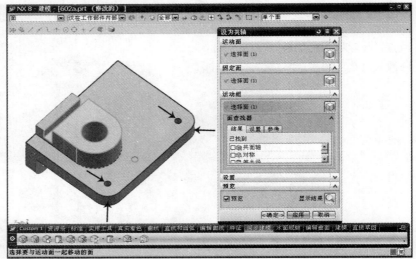

（24）用复制面命令，对箭头所指的圆柱面进行复制操作，复制出两个。

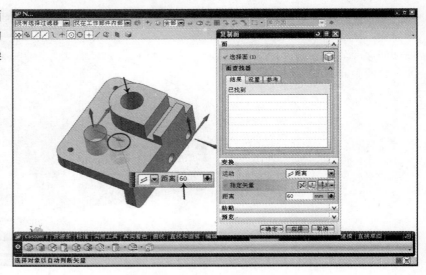

（25）用粘贴面
命令，以上一步复制
出的圆柱面为刀具，
在实体上剪切出两个
圆孔。

（26）用径向尺
寸命令，将圆孔 1 的
半径改为 15，勾选
共面轴选项使圆孔 2
同时变动。

（27）用线性尺
寸命令，捕捉点 1 为
原点，点 2 为测量点，
修改尺寸为 205。

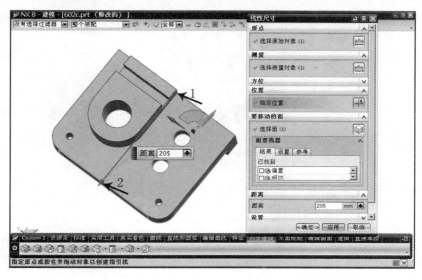

（28）用线性尺寸命令，捕捉点1为原点，点2为测量点，修改尺寸为85，勾选共面轴使两个圆柱面同时变动。

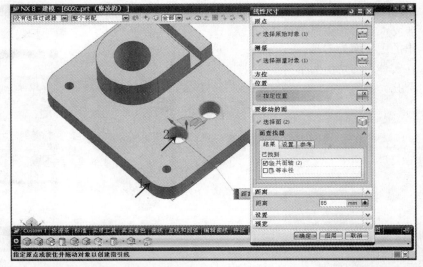

（29）用线性尺寸命令，捕捉点1为原点，点2为测量点，修改尺寸为70，勾选共面轴使两个圆柱面同时变动。

（30）用线性尺寸命令，捕捉点1为原点，点2为测量点，修改尺寸为35。

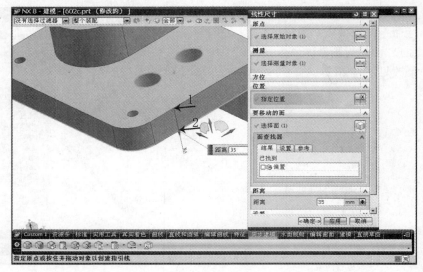

（31）用径向尺寸命令，将圆孔 1 的半径改为 10，勾选共面轴使圆孔 2 同时变动。

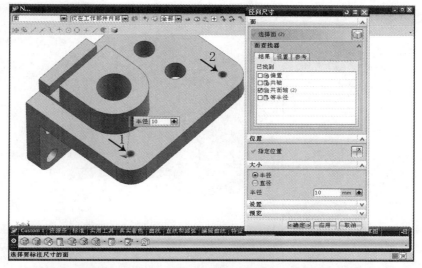

（32）用线性尺寸命令，捕捉点 1 为原点，点 2 为测量点，修改尺寸为 25。

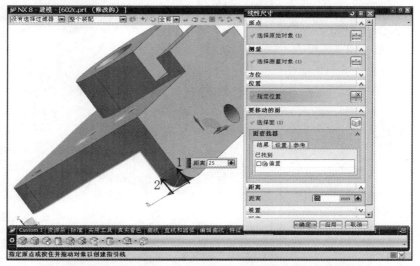

（33）用线性尺寸命令，捕捉点 1 为原点，点 2 为测量点，修改尺寸为 160。

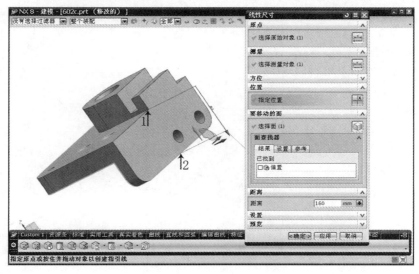

（34）用调整大小命令，修改圆角 1 的直径为 50，勾选等半径使圆角 2 同时变动。

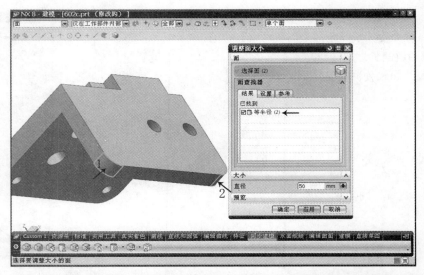

（35）用设为共轴命令，将两个小圆与倒角处的圆角设为同心。

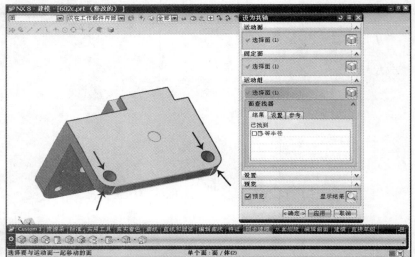

（36）用径向尺寸命令，将圆孔 1 的半径改为 12，勾选共面轴使圆孔 2 同时变动。

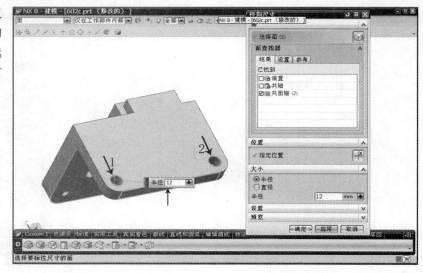

（37）用图样面命令，对箭头所指的两个圆柱面进行单方向矩形阵列，阵列方向为箭头所指方向，距离为70，数量为2。

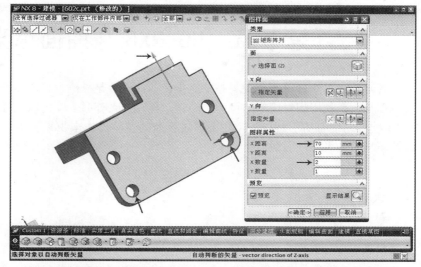

（38）完成阵列命令，模型编辑结束。

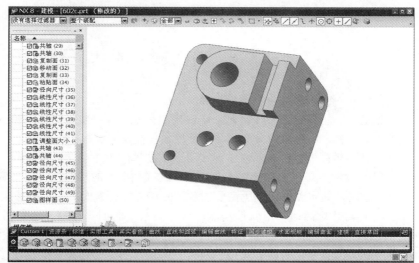

总结：

同步建模可以编辑和修改现有模型并能够通过复制、粘贴、图样等功能将某一模型的结构面应用到其它模型上去，操作简单、功能强大，不受历史记录约束，而同步建模的过程是有历史记录的，这样就便于操作者进行二次修改。

本实例可以有不同的操作方法和顺序，读者可以不看示范再操作一次。

第 7 章　UG NX8.0 曲面造型

计算机辅助设计是现代化科技的进步，曲面造型是三维设计的重点，三维设计不比几何实体那样只是使用相对简单的拉伸、回转、孔、抽壳等命令就可以完成的。曲面造型除了要对 NX 软件功能有所了解以外，还要通过不断的实际操作来积累经验才能掌握曲面造型的操作技巧和操作思路。

本章重点
● 曲面造型的基本知识
● 曲面造型的命令
● 曲面造型实例

7.1　曲面造型的基本知识

7.1.1　如何掌握曲面造型技术

无论一个物体的造型多么复杂，现代的三维软件一定能提供多种方法来实现曲面造型，如何使用和组合各种造型命令需要一个积累和提高的过程。

读者要想在最短的时间内掌握实用造型技术，应注意以下几点：

（1）应学习必要的基础知识、自由曲线（曲面）的构造原理。正确地理解软件功能、曲面造型思路，其实曲面造型所需要的基础知识并没有人们所想象的那么难。

（2）要针对性地学习软件功能。这包括两方面：一是学习功能切忌贪多，NX 软件中的各种功能复杂多样，初学者往往陷入其中不能自拔。其实在实际工作中能用得上的只占其中很小一部分，完全没有必要求全。对于一些难得一用的功能，即使学了也容易忘记，徒然浪费时间；另一方面，对于必要的、常用的功能应重点学习，真正领会其基本原理和应用方法，做到融会贯通。

（3）重点学习造型基本思路，造型技术的核心是造型的思路，而不在于软件功能本身。大多数 CAD/CAM 软件的基本功能大同小异，要在短时间内学会这些功能的操作并不难，但面对实际产品时却又感到无从下手，这是许多自学者常常遇到的问题。只有真正掌握了造型的思路和技巧，无论使用何种 CAD/CAM 软件都能成为造型高手。

（4）要多做练习不断总结，还要敢于不断挑战新的难度，只有这样才能快速地掌握曲面造型的方法。

7.1.2　曲面的连续性

曲面造型是点生成曲线，曲线再生成曲面的过程。曲线的光顺程度直接影响了曲面的质量。曲面质量根据产品的外观要求常用的连续性有：位置连续（G0）、相切连续（G1）、曲率连续（G2）、曲率相切连续（G3）四种类型。等级越高它们之间的区别越不明显，肉眼有时很难察觉，需要借助工具来进行分析（曲率梳、反射等）。

位置连续（G0）：曲面或曲线点点连续，曲线无断点，曲面相接处无裂缝。

相切连续（G1）：曲面或曲线点点连续，并且所有连接的线段、曲面片之间都是相切关系。

曲率连续（G2）：曲面或曲线点点连续，并且其曲率分析结果为连续变化。

曲率相切连续（G3）：曲面或曲线点点连续，并且其曲率曲线或曲率曲面分析结果为相切连续。

曲线及曲面连续性常用的检测工具是形状分析里的"曲线分析曲率梳"、"截面分析"、"面分析面反射"（如图 7-1）。

图 7-1　形状分析工具条

（1）曲率梳：显示选定曲线的曲率梳，光顺曲线的曲率梳变化较为规则（如图 7-2）。

（2）截面分析：通过动态显示曲面截面线的曲率梳来分析曲面的形状和质量（如图 7-2）。

（3）面反射：仿真曲面上的反射光，以分析美学素质来检测缺陷，光顺曲面上的条纹排列规则且连贯（如图 7-3）。

（4）曲线及曲面四种连续性的差别如图 7-4 所示。

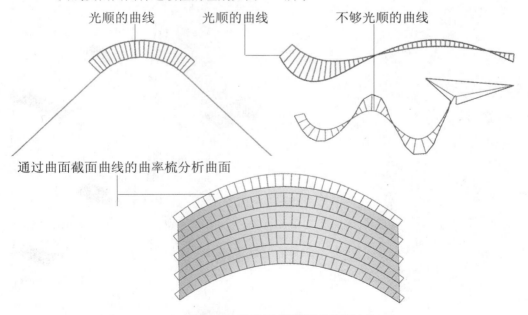

图 7-2　曲线及曲面的曲率梳

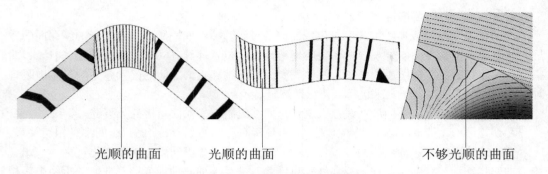

图 7-3　用面反射观察曲面的光顺质量

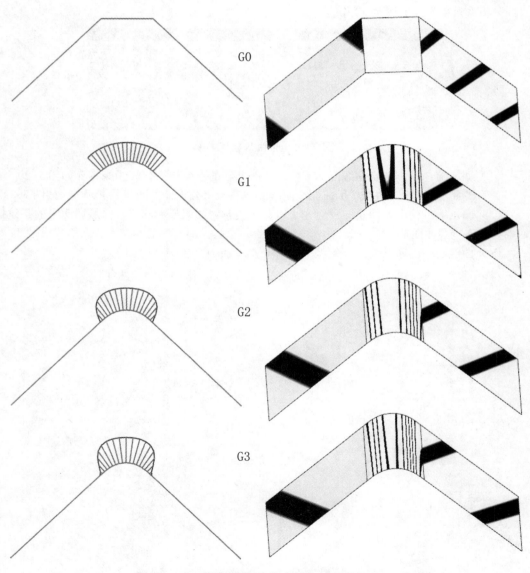

图 7-4　四种连续性用曲率梳及面反射分析

7.1.3 曲面造型的方法

曲面造型的方法一般有两种。

（1）正向造型：先想象要设计物体的形状；然后在纸上描绘大致的尺寸、外形；再把图片植入到软件当中去，在软件里描点、连线、完成曲面造型。

（2）逆向造型：也称为点测造型，用三坐标测量仪等测绘工具测绘出原有实物（可以是油泥模型、三维打印样件、已经做好的成品）上的点数据，然后通过点数据进行曲面造型。

7.1.4 曲面造型的步骤

前面介绍的两种曲面造型方法一般都需要经过以下几个步骤：

（1）熟悉图纸阶段，领会产品的形状、尺寸等设计要素。

（2）在正确识图的基础上将产品分解成单个曲面或面组。

（3）确定每个曲面的类型和生成方法，如直纹面、网格面、扫掠面等。

（4）确定各曲面之间的联接关系，如倒角、裁剪等。

（5）进入软件造型阶段，根据软件提供的功能完成曲面造型。

7.1.5 NX 曲面的创建原则

不同的软件对曲面的要求也不一样，NX 软件要求新构建的面一定要是四边面，因为在 NX 软件中面的计算方法是 U、V 双向的结构形式。如果图纸设计出的结构面为三边面或五边面，那就要通过功能命令并根据面的实际形状把三边面和五边面分解成若干个四边面，在 NX 软件环境中只有四边面才能保证面的光顺性和可加厚性。

三边面与四边面的性能差别如图 7-5 所示，从图上看两张曲面的光顺性能区别不大，但是面的内在结构差别很大，用同样的数值对面实行加厚操作，四边面可以完成加厚而三边面加厚失败。

7.2 曲面造型命令

7.2.1 常用命令

NX 软件中可以参与到曲面造型的命令很多，本书只介结其中使用率较高的命令，这些命令已足够完成复杂的三维曲面造型。

本书要介绍的曲面命令集中在一个自定义工具条里，如图 7-6 所示，这些命令分别是从"曲面"、"特征"、"曲面编辑"三个工具条里集中过来的。

图 7-6 自定义工具条

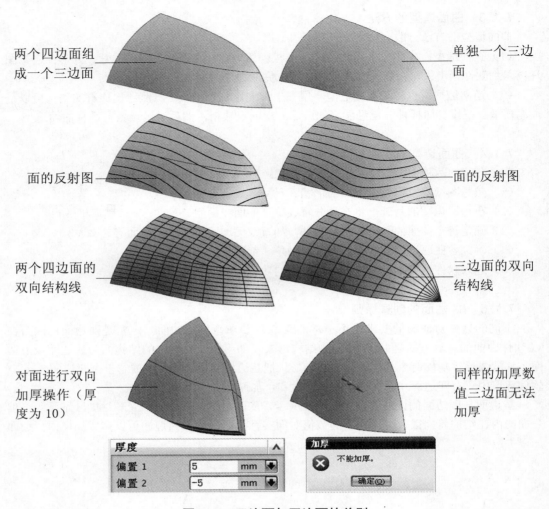

两个四边面组成一个三边面

单独一个三边面

面的反射图

面的反射图

两个四边面的双向结构线

三边面的双向结构线

对面进行双向加厚操作（厚度为10）

同样的加厚数值三边面无法加厚

厚度		
偏置 1	5	mm
偏置 2	-5	mm

加厚
不能加厚。
确定(O)

图 7-5　三边面与四边面的差别

7.2.2　命令及用法

本小节主要介绍图 7-6 上的曲面操作相关的命令及用法。

1）四点曲面

通过指定四个拐点来创建曲面。

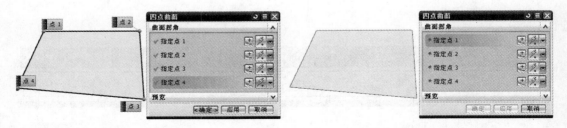

（1）指定或捕捉四个点为曲面的四个拐点。

（2）点"应用"完成曲面的造型。

2）通过曲线组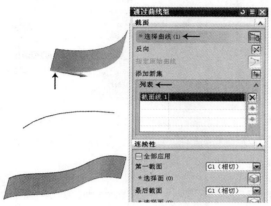

通过多个截面来创建曲面。

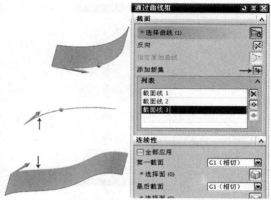

（1）执行命令，选择箭头所指的曲线，打开选择列表。

（2）点"添加新集"图标（或点中键），选择中间箭头所指曲线，再次"添加新集"（或点中键），选择下方箭头所指的曲线。

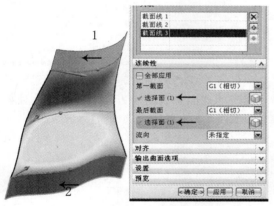

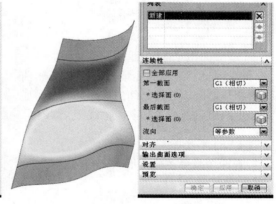

（3）在连续性里的第一截面选择与第一条截面线相交的曲面1，最后截面选择与最后一条截面线相交的曲面2。

（4）点"应用"完成曲面的创建，所建立的曲面通过三条截面线，与上下二个曲面的光顺关系为相切。

3）通过曲线网格

通过一组同方向的截面线，再通过另一组同方向的引导线构建曲面的方法。

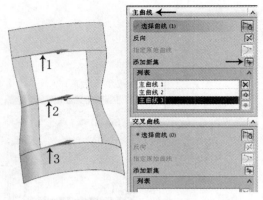

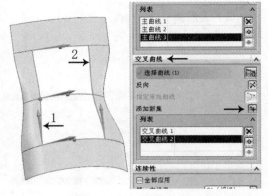

（1）执行通过曲线网格命令，将箭头所指的三条曲线（边）设为主曲线，每选中一条点"添加新集"图标再选下一条。

（2）将箭头所指的两条曲线（边）设为交叉曲线，每选中一条点"添加新集"图标再选下一条。

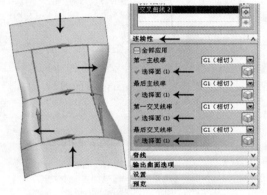

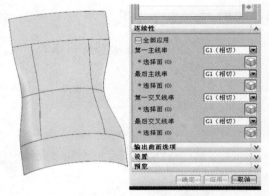

（3）设定曲面的连续性，指定新建曲面各边与对应边曲面之间的连续性关系，如第一主线串就是与第一条主曲线相交的面。

（4）点"应用"完成曲面的创建，所建立的曲面通过两个方向的曲线组，且与边上四个曲面的的光顺性为相切。

4）过渡

在两个或更多截面形状之间创建曲面

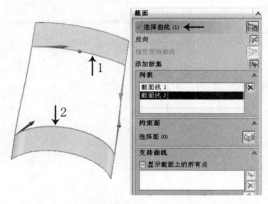

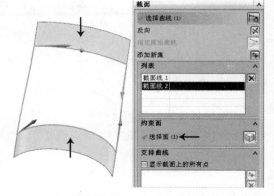

（1）执行过渡命令，选择箭头所指的两条线（边）为构建曲面的截面线。

（2）分别指定两条截面线的约束面，软件会自动识别箭头所指的两个曲面。

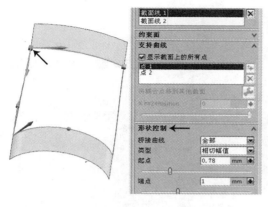

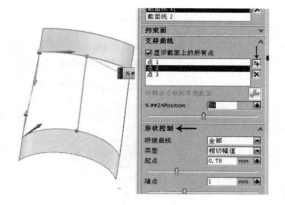

（3）选择截面线 1 显示这条线上的点，可以通过调节点调节曲线形状。

（4）点"添加点"图标可以添加截面线上的点。

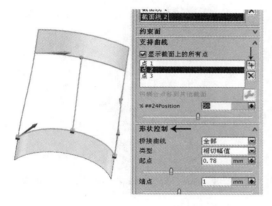

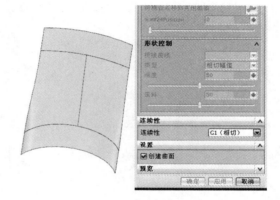

（5）同样的方法可以调节截面线 2 上的点，来调节曲线形状。

（6）点"应用"完成曲面，在已有的两个曲面之间完成曲面的构建。

5）艺术曲面

用任意数量的截面线和引导线创建曲面。

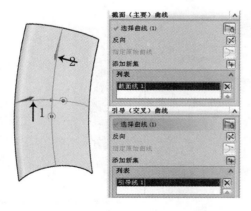

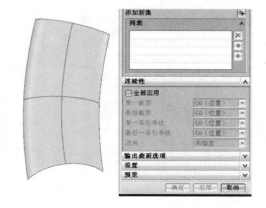

（1）执行艺术曲面命令，选择箭头所指的曲线 1 为截面线，曲线 2 为引导线。

（2）点"应用"完成曲面构建，此命令可以同时设定多条截面线和引导线。

6）N 边曲面

根据一组端点相连的曲线来创建曲面。

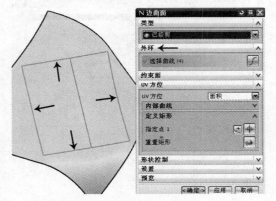

（1）执行 N 边曲面命令，选择箭头所指的 4 条曲线为外环线。

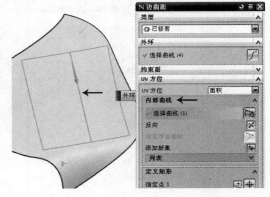

（2）指定箭头所指的曲线为内部曲线。

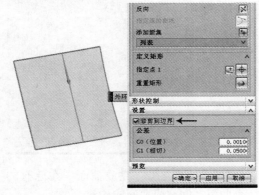

（3）设置曲面修剪到边界，这里的边界就是外环曲线。

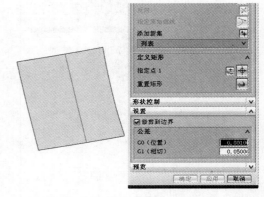

（4）点"应用"完成 N 边曲面，构建的曲面同时通过外环线和内部曲线。

7）扫掠

根据一组端点相连的曲线来创建曲面。

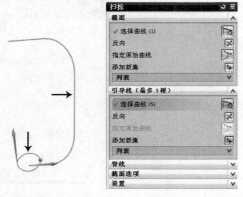

（1）执行扫掠命令，选择曲线 1 为截面线，曲线 2 为引导线。

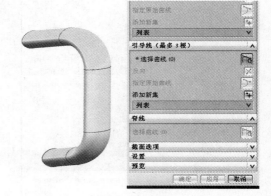

（2）点"应用"完成创建扫掠曲面，扫掠命令可以有多条截面线和 3 条引导线。

8）规律延伸

基于距离和角度的控制，从基本片体创建一个按某一规律延伸出的片面。

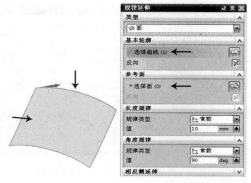

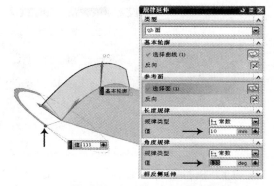

（1）执行规律延伸命令，选择箭头所指的曲线（边）为轮廓，箭头所指的面为参考面。

（2）通过拖动手柄或输入参数调整长度规律和角度规律。

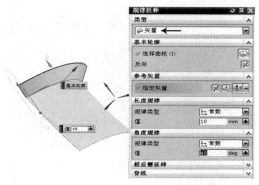

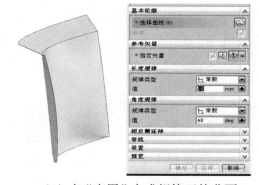

（3）也可以将类型改为"矢量"，通过指定矢量方向构建曲面。

（4）点"应用"完成规律延伸曲面。

9）管道

以曲线为引导线，以圆为截面线创建管道形实体，同时可以控制内径和外径。

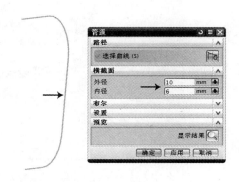

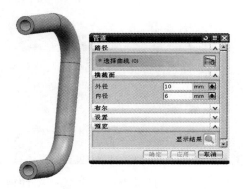

（1）执行管道命令，选择箭头所指的曲线，设定管道横截面的内外径。

（2）点"应用"完成管道实体的构建。

10）修剪和延伸

按曲面的交线修剪曲面，或按一定的距离延伸曲面。

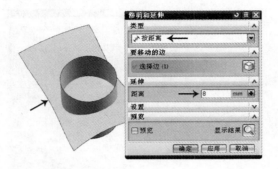
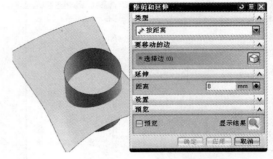

（1）执行修剪和延伸命令，选择箭头所指的边线，设定延伸的距离。

（2）点"应用"选中的边向外延伸。

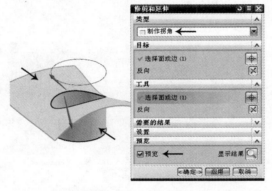
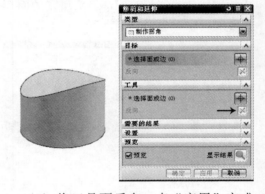

（3）类型改为"制作拐角"，指定曲面1为目标面，曲面2为工具面，勾选预览。

（4）将工具面反向，点"应用"完成制作拐角。

11）修剪片体

用曲线、面、平面修剪掉片体的一部分。

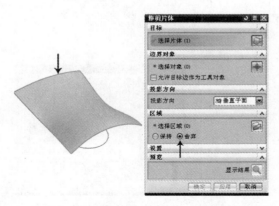
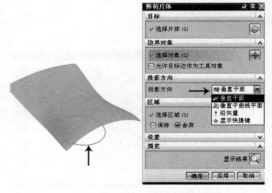

（1）执行修剪片体命令，选择箭头所指的曲面为目标曲面（注意点选的区域就是投影完成后将被舍弃的部分）。

（2）选中箭头所指的曲线为边界对象，调整曲线投影方向为"垂直于面"。

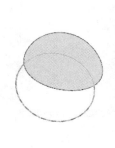

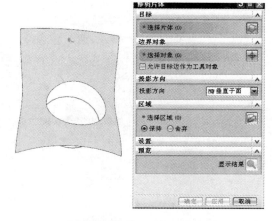

（3）点预览里的"显示结果"查看修剪后的曲面，可以通过"保持"和"舍弃"调整修剪区域。

（4）调整好修剪区域，点"应用"完成曲面的修剪操作。

12）边倒圆

对面与面之间的交界边进行倒圆，半径可以是一个值也可以是多个值。

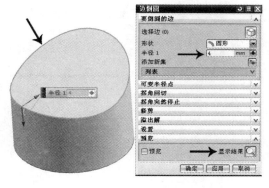

（1）执行边倒圆命令，选择箭头所指的交线为要倒圆的边。

（2）点"显示结果"显示倒圆后的效果，点"应用"完成固定半径倒圆操作。

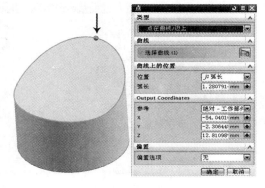

（3）点可变半径点选项里的"指定新的位置"图标。

（4）进入添加点对话框，在边线上箭头所指的位置添加一个点，点"确定"。

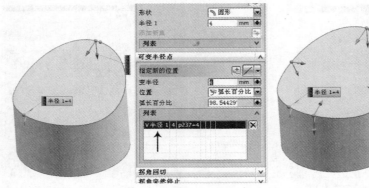

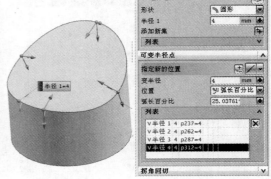

（5）可变半径点列表里出现了一个新点　　（6）同样的方式再继续添加三个点。

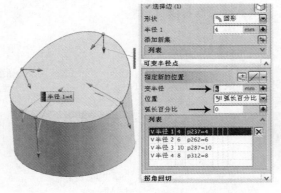

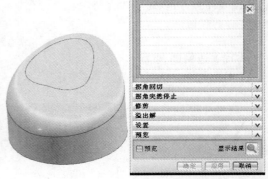

（7）对各个点的半径及在边线上的位置
进行单独调整。

（8）点"应用"完成可变半径倒圆操作。

13）偏置曲面

通过偏置一组面来创建新的曲面。

（1）执行偏置曲面命令，选择图中的圆
柱面，指定偏置的方向和距离。

（2）点"应用"完成偏置操作，新构建
出一个圆柱面。

14）加厚

通过给一组曲面添加厚度创建实体。

（1）执行加厚命令，选择图中的曲面，指定加厚的数值。

（2）点"应用"完成加厚操作，新构建出一个实体。

15）面倒圆

在两个曲面之间添加与面相切的圆角面，圆角的形状可以是圆形、二次曲线或规律曲线。

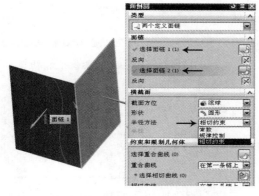

（1）执行面倒圆命令，选中图中的两个面为面链1和面链2，选择半径方法为"相切约束"。

（2）选择"相切曲线"为图中箭头所指的曲线。

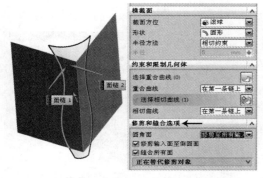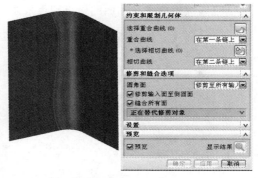

（3）设置修剪和缝合选项（如面倒圆操作无法完成可以先关掉修剪选项，操作完后手工修剪）。

（4）点"应用"完成面倒圆，在两个面之间构建了一个相切的圆角，圆角的边缘与指定的曲线相重合。

16）缝合

将有公共边的相邻面缝合成一个组合片体，将有共同面的实体缝合成组合实体。

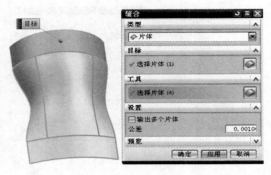
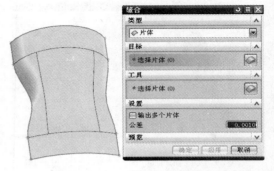

（1）执行缝合命令，选中图中某个面为目标面，选中其余面为工具面。

（2）点"应用"将图中的面缝合在一起，实际操作中有时部分面可能无法缝合，可以调大公差值试试。

17) 抽取体

通过复制一组面、一组体来创建新的面和新的体。

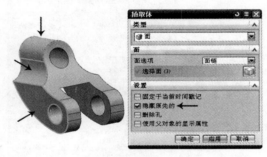

（1）执行抽取体命令，选中图中箭头所指的三个面。

（2）点"应用"将所选的三个面复制出来。

18) X 成形

通过编辑样条、曲面的极点和点来调节曲面。

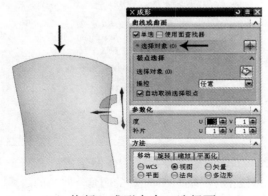
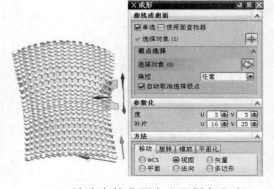

（1）执行 X 成形命令，选择面。

（2）被选中的曲面上出现样条和点。

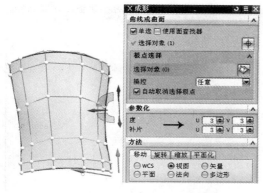

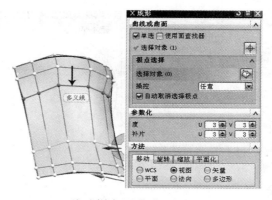

（3）调节参数，合理控制样条和点的数量。

（4）移动样条调节曲面。

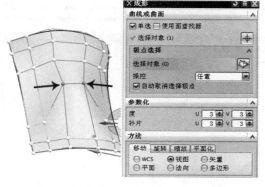

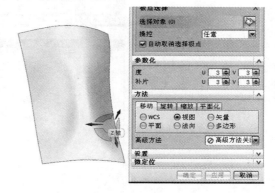

（5）移动点调节曲面。

（6）点"应用"完成对曲面的调整。

7.3　曲面造型实例

7.3.1　实例 1　8 字形造型

完成如图 7-7 所示的曲面造型，线框在 5.6.1 中已经完成，要求曲面造型的光顺性为相切。

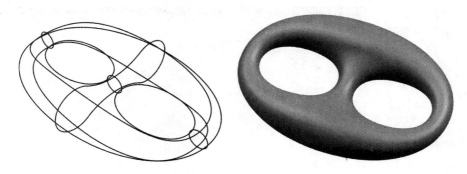

图 7-7　曲面造型实例 1

分析：

实例所示的图形是一个左右、上下都对称的图形，只要构建出其中一部分并保证这部分与相邻部分相切，然后再镜像这部分片体就可以了。

（1）打开第五章已完成的曲线框，隐藏部分用不到的曲线，在图中添加箭头所指的圆弧和直线。

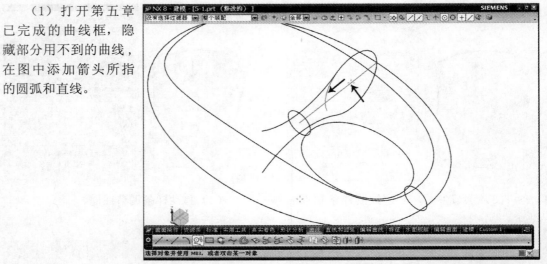

（2）拉伸出两个半圆片体，箭头所指的曲线1和边线2的端点之间，用桥接命令构造曲线3。

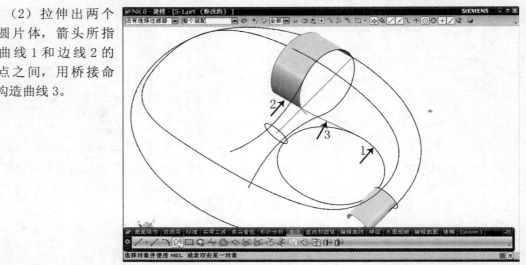

（3）向下拉伸出如图所示的两个曲面。

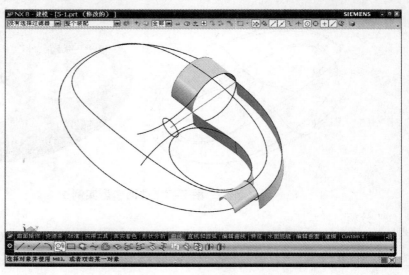

（4）用通过曲线网格命令，构建一个与周围四个面相切的曲面。

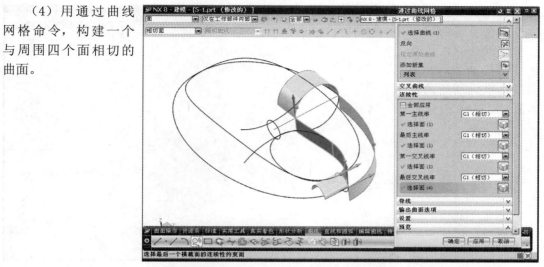

（5）新建的曲面如图所示。

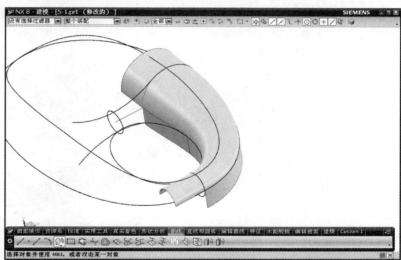

（6）捕捉端点新建两条与 Y、Z 轴相平行的直线。

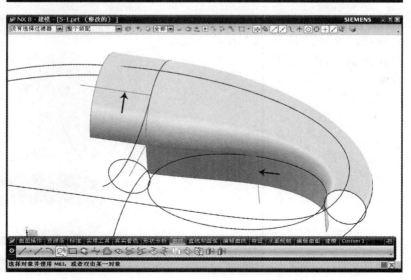

（7）用桥接曲线命令，在新建的两条直线之间建立箭头所指的桥接曲线，并将曲线约束到新建的曲面上。

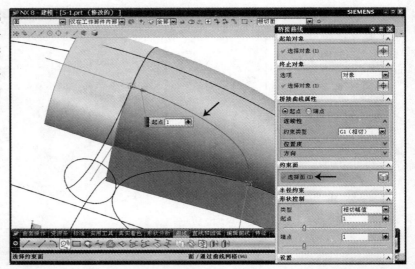

（8）以新建的曲线为边界对象修剪曲面。

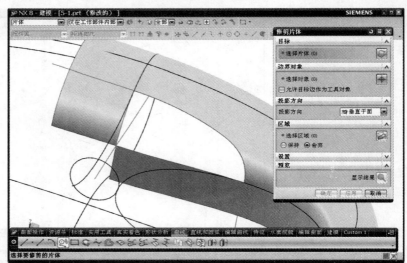

（9）隐藏用不到的曲线，并沿矢量方向拉伸出如图所示的片体。

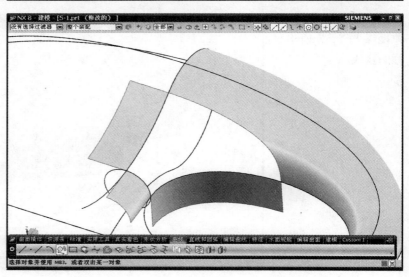

（10）用通过曲线
网格新建与周围曲面
相切的曲面。

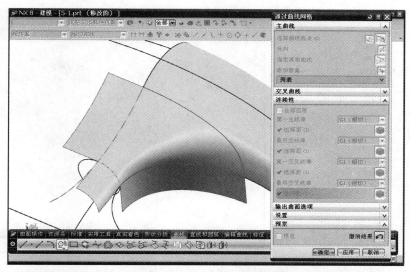

（11）隐藏所有的
曲线。

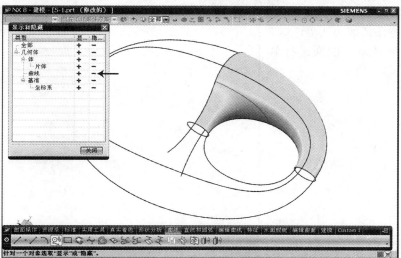

（12）用曲面分析
里的反射命令查看曲
面，接缝处反射纹理
不连贯，说明曲面的
光顺性不理想。

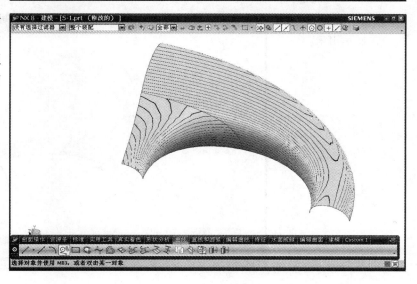

（13）切换到顶视角度，渲染样式为线框图，用艺术样条新建箭头所指的两条曲线。

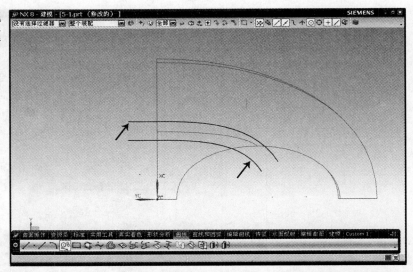

（14）用刚建两根样条曲线为边界，沿 Z 轴对两个曲面进行修剪。

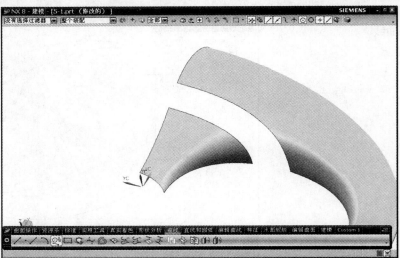

（15）将箭头所指的曲线显示出来。

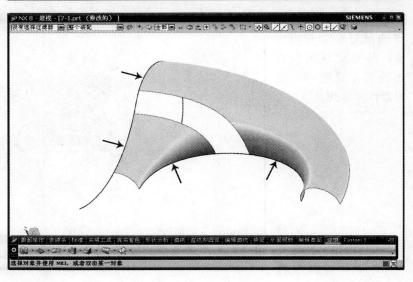

（16）用连结曲线命令，将相连的曲线连接，注意隐藏原曲线。

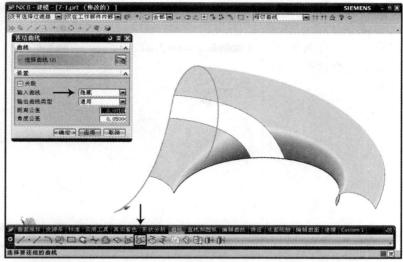

（17）沿矢量方向拉伸出两个新的片体。

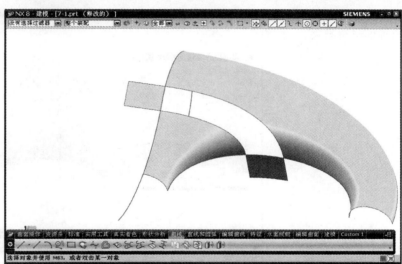

（18）用通过曲线网格命令，新建与四周相切的新曲面。

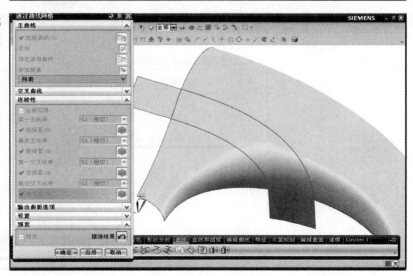

（19）用面分析的反射命令查看曲面，曲面上的纹理规则且连贯，说明曲面光顺性符合要求。

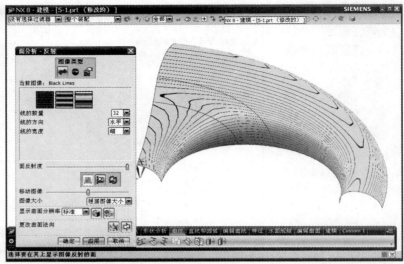

（20）用缝合命令将曲面缝合起来。

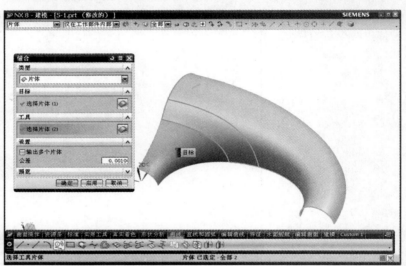

（21）执行变换命令，并选择"通过一平面镜像"。

（22）选择通过对象的方式新建平面，选取曲面底部的曲线为新建平面的对象。

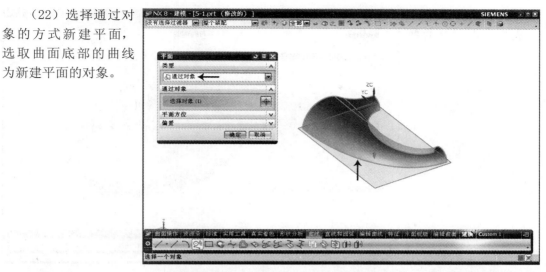

（23）镜像复制出另一半曲面，复制完成点"重新选择对象"再次进行镜像操作。

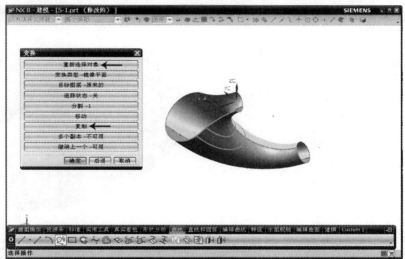

（24）第二次镜像完成后的曲面图形。

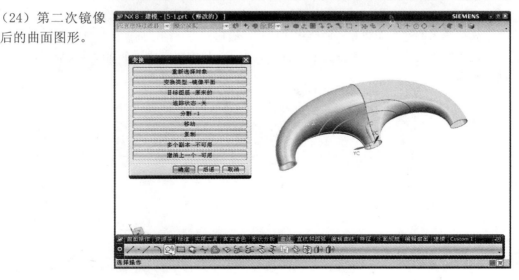

（25）第三次镜像完成后，将所有的曲面缝合起来。

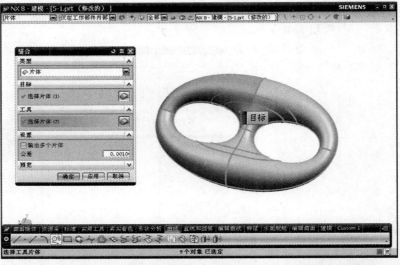

（26）全部完成后的曲面。

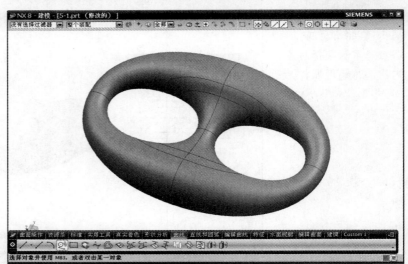

总结：

实例除了介绍曲面建立、曲面相切控制等操作，还介绍了问题面的修补。

这个实例更为简单的补面方法如图7-8所示，只需要完成两个曲面就可以了，读者可以试着完成。

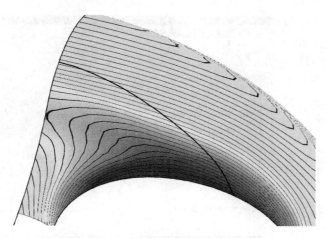

图 7-8　不用修补的面片结构

7.3.2　实例 2　鼠标造型

根据 5.6.2 已有的线框，要求造型光顺性为相切。注意图 7-9 上箭头所指的位置，线框与造型有一定的区别，要求完成后的造型底部为一个弧面，而线框部分是平面。

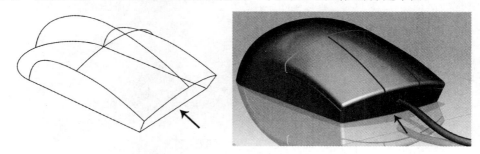

图 7-9 曲面造型实例 2

分析：

这个造型的构建方法是分片完成，然后缝合，再通过圆角进行过渡，按键与主体间的缝隙通过布尔运算实现。

（1）执行通过曲线网格命令，曲线 1、2、3 为主曲线，曲线 4、5、6 为交叉曲线，连续性为位置，新建一个曲面。

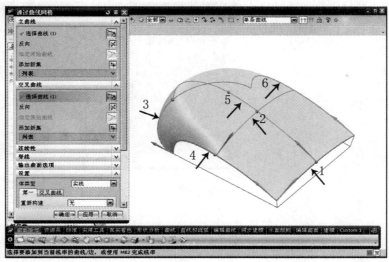

（2）以点1、曲线2为主曲线，曲线3、4为交叉曲线创建曲线网格，构建的是一个三边面，在后面的操作中要修剪掉点1的区域。

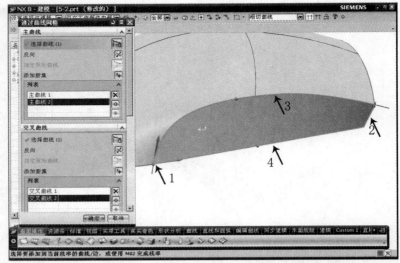

（3）将图上的边线拉长一点。

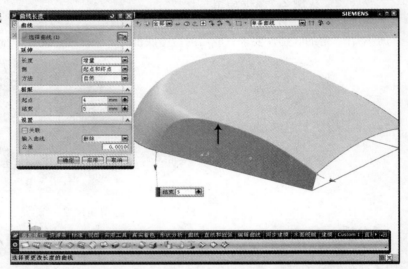

（4）将拉长后的曲线变成一个管道。

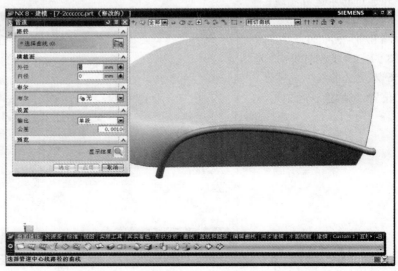

（5）用管道对已有的两个曲面进行修剪。

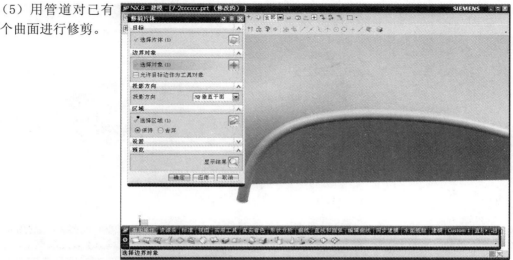

（6）用曲线网格命令，将被管道剪去的区域补上，这样就解决了三边面的缺陷，也完成了曲面的过渡，图中右边箭头所指的边线是新建的桥接曲线，左边箭头所指的线为原有曲线。

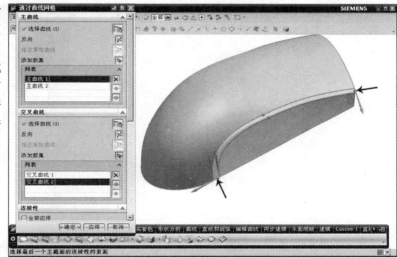

（7）同样的方法完成另一侧的面，并用 N 边曲面构建箭头所指的面。

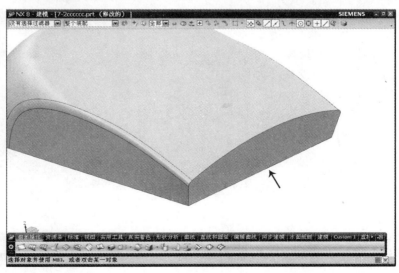

（8）用N边曲面构建底部的面。

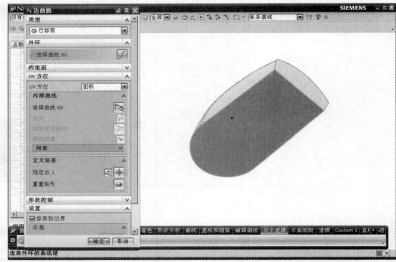

（9）在线框的底边上添加一个半径为150的弧。

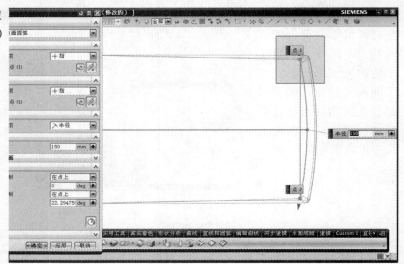

（10）在模型中间拉伸出片体1，与模型产生交线2，拉伸刚建的圆弧，并以交线2为拉伸方向。

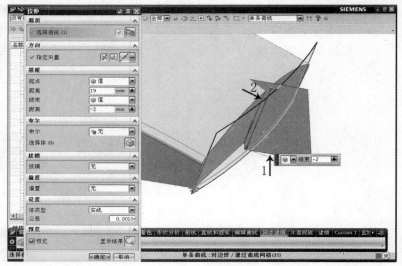

（11）缝合刚拉伸的圆弧以外的所有片体，并用同步建模的替换面命令，将模型前端的平面替换为新建的弧面。

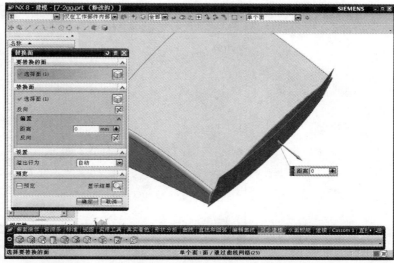

（12）对模型前端箭头所指的三个边进行边倒圆操作。

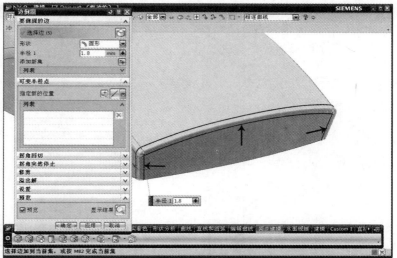

（13）用抽取体命令将模面的上表面复制。

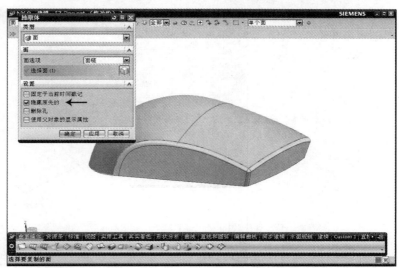

（14）修剪复制出的上表面，保留按键区域。

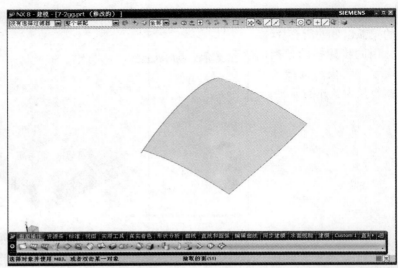

（15）用偏置面命令，将这个面向下偏置一张，偏置的距离为3。

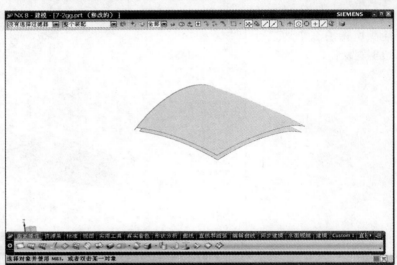

（16）对面的三个边进行延伸操作。

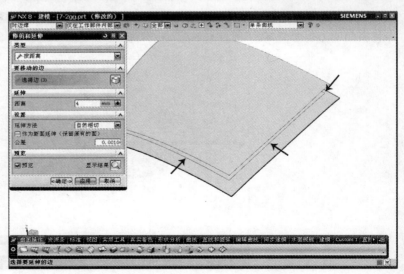

（17）对面的边进行拉伸，拉伸轴向为 Z 轴。

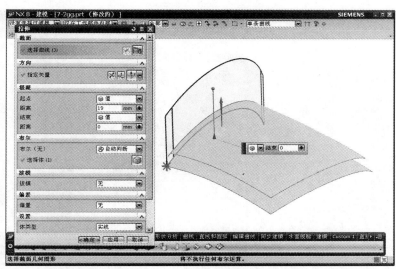

（18）对前两步完成的偏置面和拉伸面进行缝合操作。

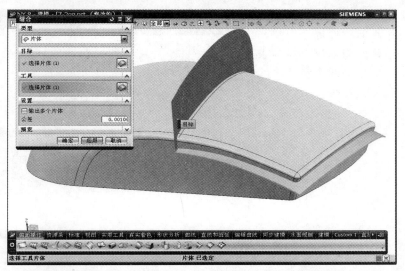

（19）缝合完成后进行加厚操作，加厚值为 0.8，注意加厚的方向。

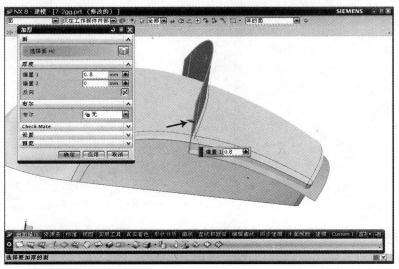

（20）用主体模型减去刚加厚的实体。

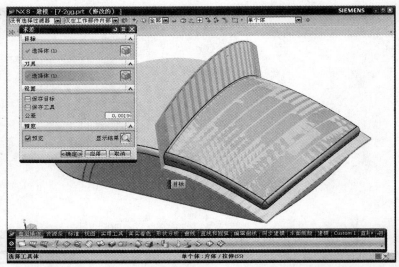

（21）执行求差操作，但软件提示出错，这是因为本例中参与求差操作的两个实体之间有关联关系。

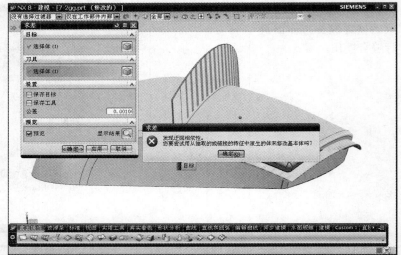

（22）从菜单栏执行"编辑"→"特征"→"移除参数"，选择加厚实体，这样就去除了实体上的关联属性。

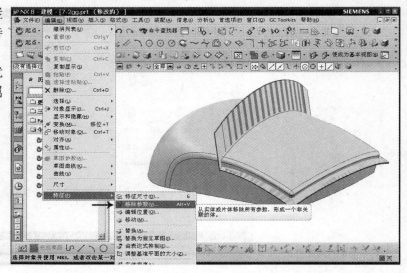

（23）再次进行求差操作，顺利减掉实体。

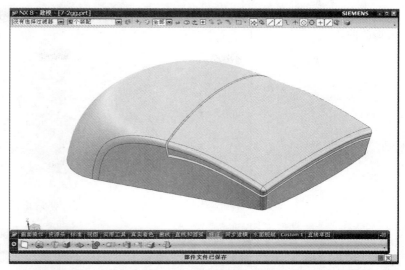

（24）提取箭头所指的两根片体的边线，并把边线等分为三份。

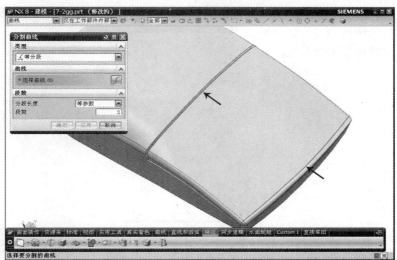

（25）捕捉等分点建立箭头所指的两条直线，把直线拉伸成片体，双向加厚 0.8，得到如图所示的两个片体，用按键部分的实体减掉这两个片体。

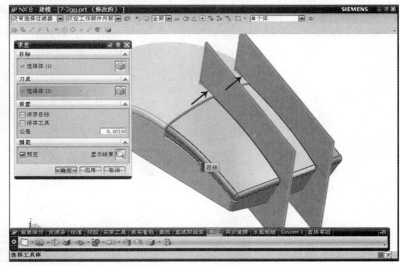

（26）显示出箭头所指的曲线。

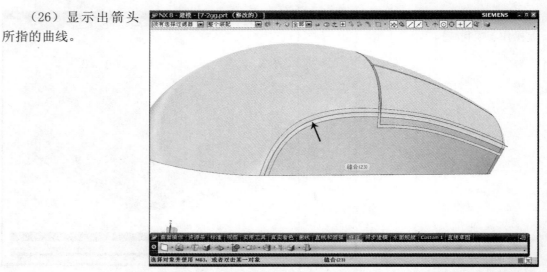

（27）建立箭头所指的桥接曲线，注意控制桥接曲线的方向。

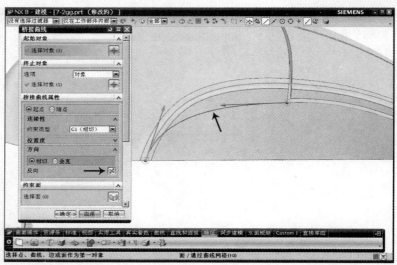

（28）沿 Y 轴将桥接曲线投影到主体模型上。

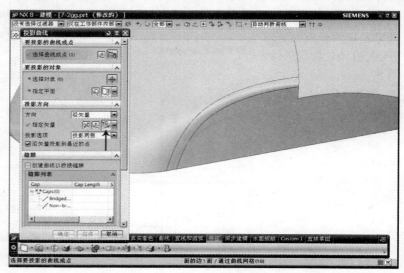

（29）先拉长一点曲线，再沿 Y 轴拉伸曲线，向内拉伸的距离为 0.4，这个值是主体表面凹槽的深度。

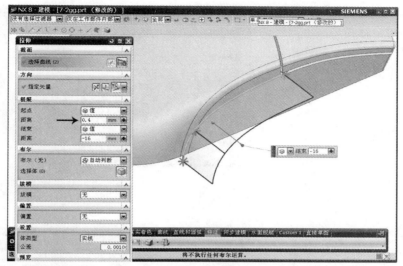

（30）将拉伸出的片体向上加厚，加厚的数值为 0.8。

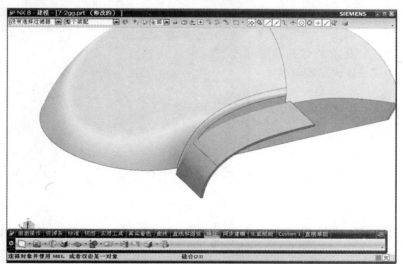

（31）将加厚的物体镜像到另一面，对主体模型进行抽壳操作，厚度为 1，箭头所指面为抽壳操作要移除的面。

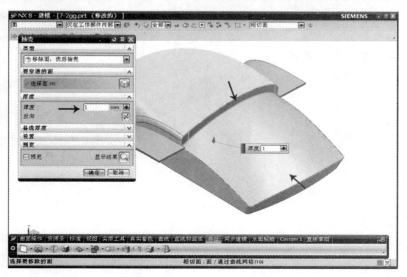

（32）抽壳完成后，用主体模型减去两边的加厚片体，制作出表面上的凹槽。

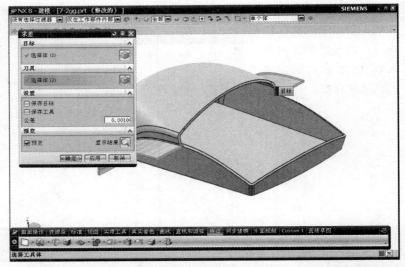

（33）分别沿 X、Y 轴拉伸箭头 1、2 所指的边线，要求拉伸的宽度穿过主体模型的厚度。

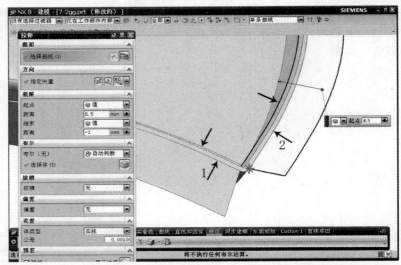

（34）用主体模型修剪拉伸的片体，并提取出箭头所指的模型与片体的交线（不包含圆角部分）。

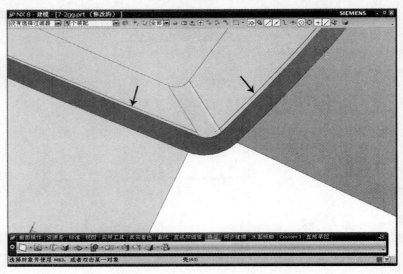

（35）桥接得到曲线 1，提取边线得到曲线 2，在点 3、4 和点 5、6 之间分别画两条直线。

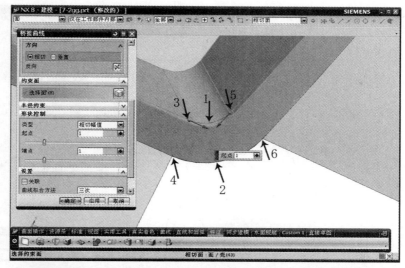

（36）用上一步创建的两条直线修剪片体，再用曲线网格创建曲面。

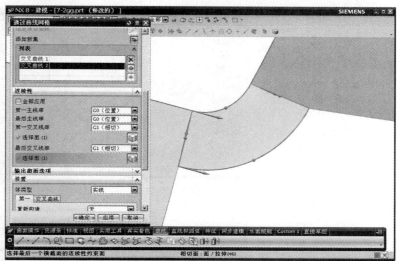

（37）将前端的片体沿 XZ 平面修剪，再把三个面沿 XZ 平面镜像，得到如图所示的图形，并将片体缝合起来。

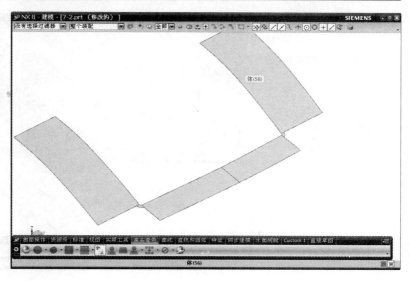

（38）将上步缝合的片体加厚操作，加厚的数值为1。

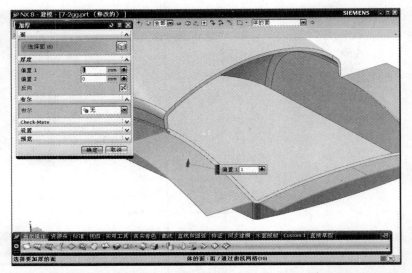

（39）用替换面命令，将下箭头所指的面替换为上箭头所指的面。

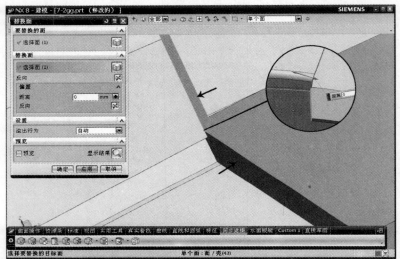

（40）两边都完成替换面操作，再用主体模型减去加厚的实体。

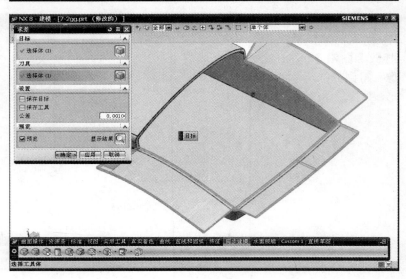

（41）修剪完成后的实体模型。

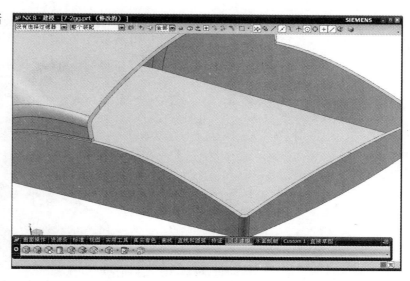

（42）继续细化模型的细节至如图所示。

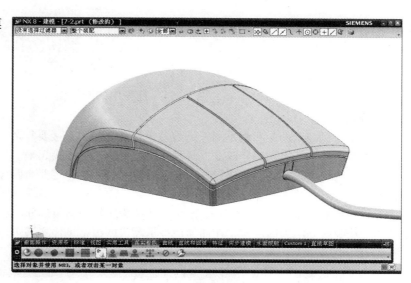

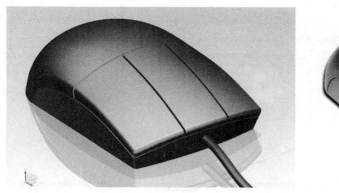

这个实例就是在右边实物的基础上，通过测量数据在软件里重建的过程。

7.3.3 实例3 勺子造型

根据 5.6.3 已完成的线框，完成如图 7-10 所示的曲面造型，要求造型光顺性为相切。

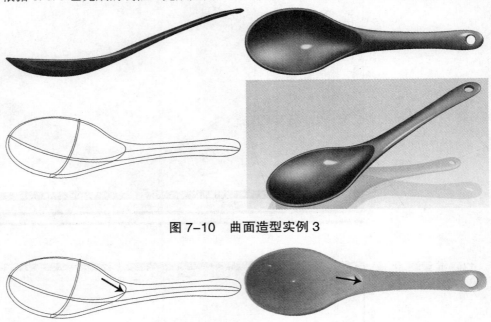

图 7-10 曲面造型实例 3

图 7-11 造型中的渐失面

分析：

这个实例与前两个实例不同，造型各个片面之间的连接要复杂一些，不是通过倒圆完成的，本书的方法是将模型分成上下两段完成，再将两段连接起来，最后缝合所有片面。实例中用到一些不规则片面的构建技巧，构建的原则是片体一定要是四边面，读者在练习时要注意理解。

模型还有一个细节要注意，就是图 7-11 箭头所指的圆角部分，这个圆角是个渐变的圆角，是一个从明显到消失的过程，在曲面造型里渐失面很常见，本书采用的方法是将倒圆区域单独剪切，再用曲线网格重建。

（1）在场景中添加箭头所指的两条直线，左边的直线通过箭头所指的端点。

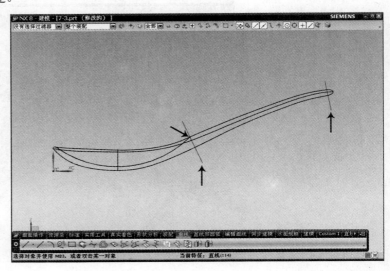

（2）将直线拉伸成片体，并画出与线框的8个交点。

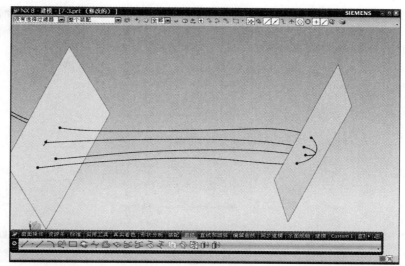

（3）用艺术样条画出通过四个点的截面轮廓，注意轮廓线是封闭的，连继完成两个截面轮廓。

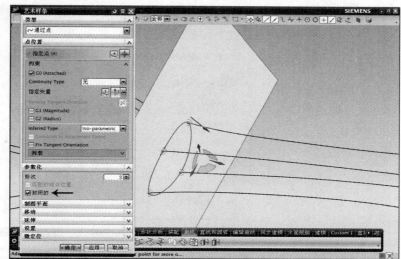

（4）用通过曲线网格命令，构建如图所示的曲面片体，曲线 1、2为主曲线，曲线 3、4、5、6 为交叉曲线，注意操作时交叉曲线共有 5根，交叉曲线 1 与交叉曲线 5 为同一根曲线。

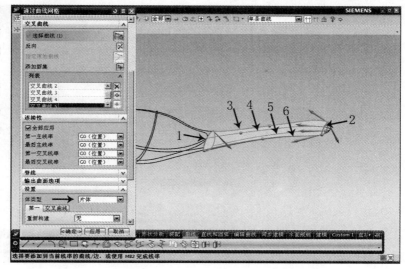

（5）切换到矢量视角，画出箭头指的三条曲线，沿矢量视角用三条曲线对新建的曲面进行修剪。

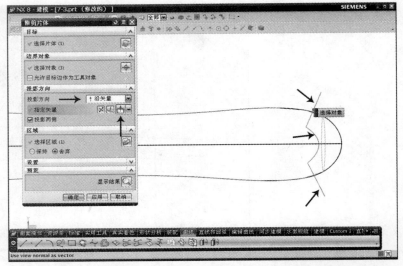

（6）用通过曲线网格命令构建片体，曲线1、2、3为主曲线，曲线4、5、6为交叉曲线，勺子的上半分就构建出来了，是通过两个四边面完成的。

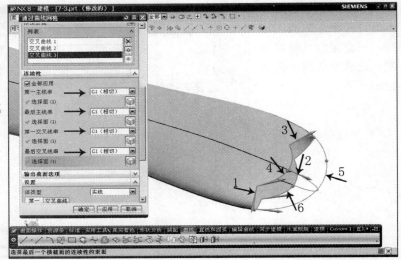

（7）用艺术曲面命令，曲线1为截面线，曲线2为引导线，新建如图曲面。

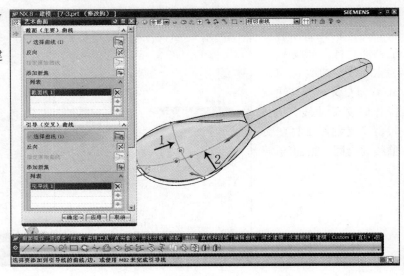

（8）画出箭头所指的圆。

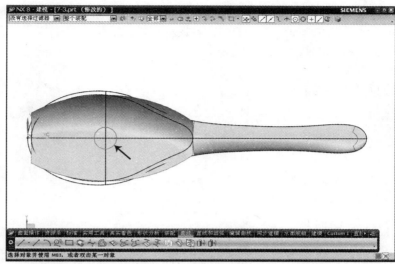

（9）用圆修剪曲线，得到如图所示的图形。

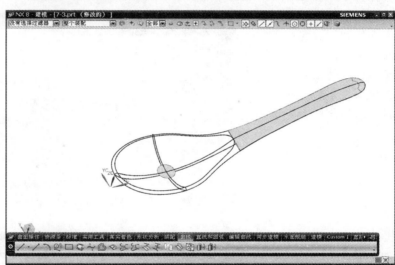

（10）用通过曲线网格命令构建片体，曲线 1、2 为主曲线，曲线 3、4、5、6 为交叉曲线，注意操作时交叉曲线共有 5 根，交叉曲线 1 与交叉曲线 5 为同一根曲线。

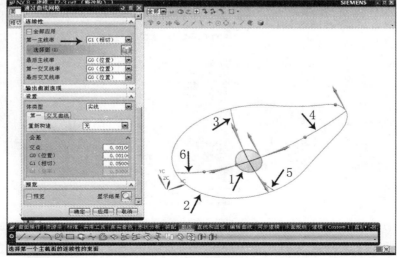

（11）曲面构建完成。为了操作方便，将箭头所指的曲线移到另一个图层去（曲面的边缘也可以参与后续的操作）。

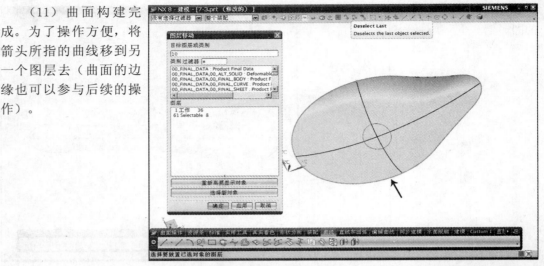

（12）将存放隐藏物体的图层设为隐藏属性，随着操作次数的不断增加，使用者可以根据需要将暂时不用的对象元素移到隐藏图层里去。

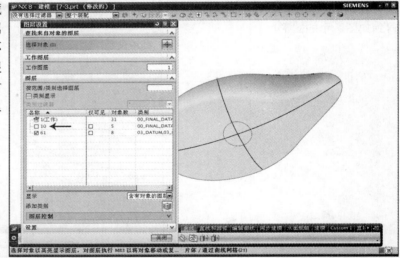

（13）用通过曲线网格命令构建底部片体，点1、曲线2、3为主曲线，曲线4、5、6为交叉曲线，注意操作时主曲线1为一个点（点只能放在主曲线，交叉曲线不能选点，此时构建的曲面为三边面）。

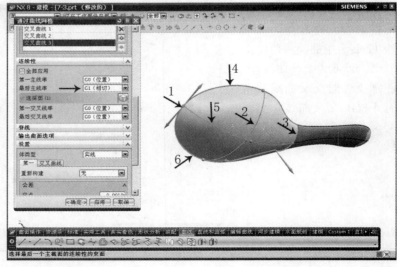

（14）切换到矢量视角，画出箭头指的三条曲线，沿矢量视角用三条曲线对新建的曲面进行修剪。

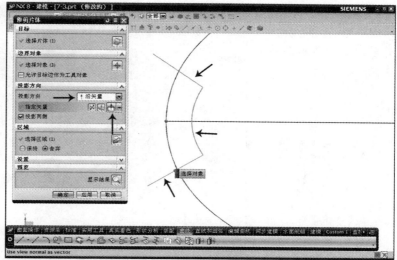

（15）用曲线网格将修剪的曲面缺口补上，这样就解决了三边面的缺陷。

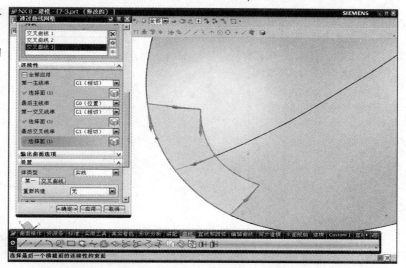

（16）用曲线网格构建勺子前端的边缘过渡曲面。

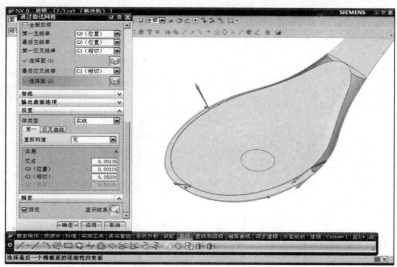

（17）在渐失面结束的区域建立两个片体，并求出如图所示的四条相交线。

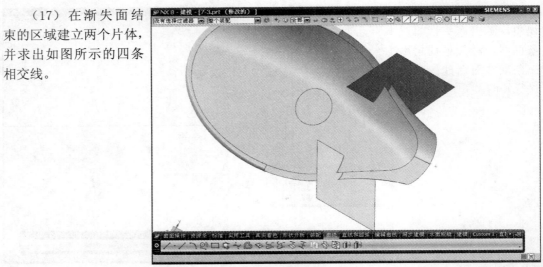

（18）构建出箭头所指的两根桥接曲线。

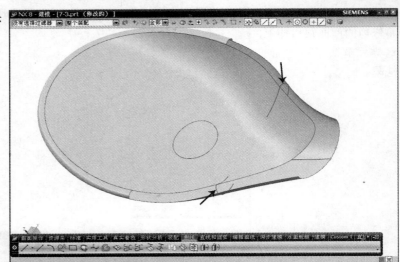

（19）用曲线网格构建出箭头所指的两个曲面。

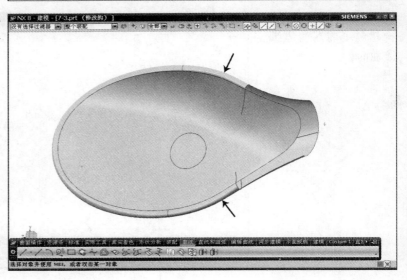

（20）显示出勺子的手柄部分，用曲面上的曲线命令在手柄上绘出曲线 1，曲线 1 要与曲线 2、3 相切。

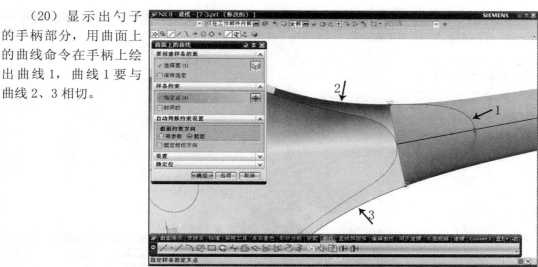

（21）用刚绘制的曲线对手柄进行修剪。

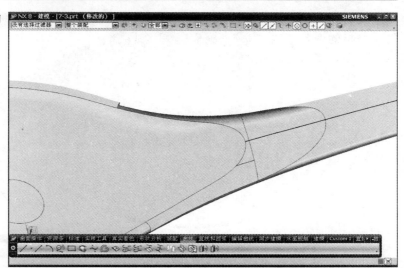

（22）用曲线网格命令补齐曲面，注意这个面只能与周围的三个面相切，不能与箭头所指的面相切，因为这个面与中间箭头所指的曲线不是相切连接的。

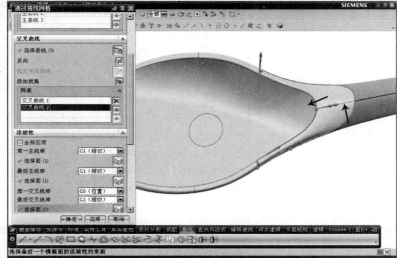

（23）注意箭头所指的位置，曲面上有一道明显的凹痕，这个曲面的光顺性需要调整，常用的调整方法就是增加曲面网格的截面线。

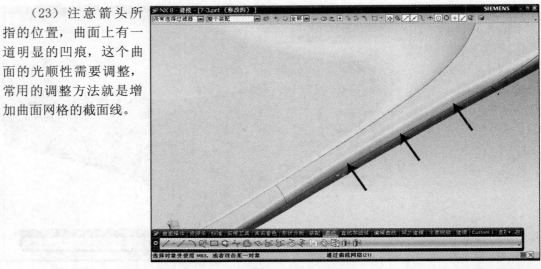

（24）在图中添加箭头所指的两条直线，两条直线是镜像的，拉伸两条直线。

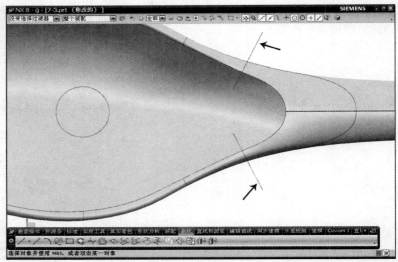

（25）求出图中箭头所指的四条相交线。

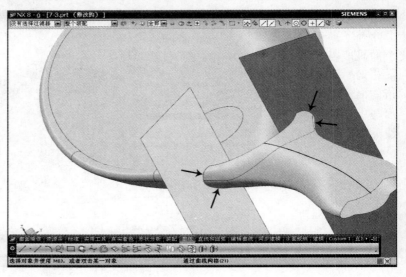

（26）用曲线长度命令，缩短上面的曲线，缩短到凹痕的上方，使曲线不经过凹痕部分。

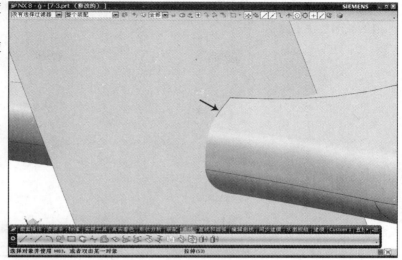

（27）添加桥接曲线，并在另一侧也进行同样的操作。

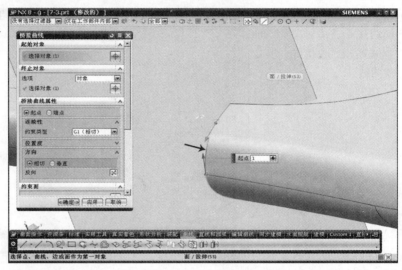

（28）重建曲面，将刚刚完成的曲线也作为截面线添加到曲面中去。

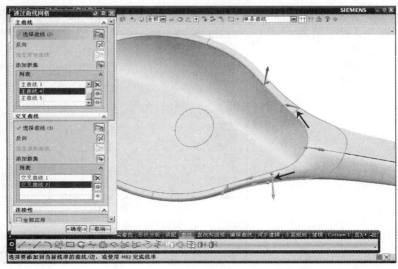

（29）再次检查，凹痕的缺陷解决了。

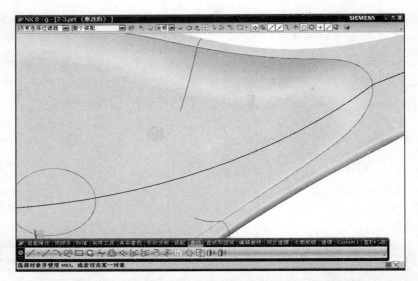

（30）用面中的偏置曲线命令，在两个面上偏置出箭头所指的二条曲线。

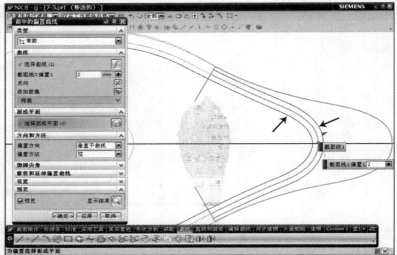

（31）修剪两个曲面，得到如图所示一个空白区域。

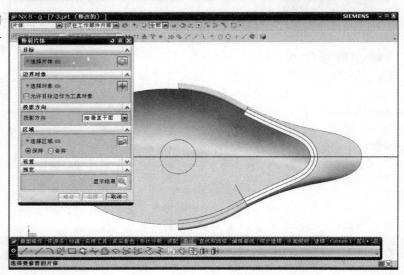

（32）将圆角交接处的两根曲线各缩短0.5。

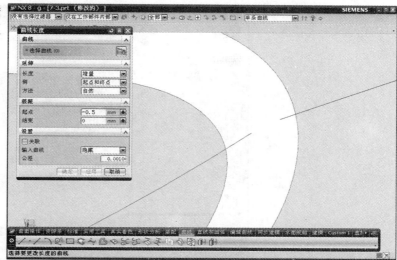

（33）将缩短后的曲线桥接起来，并连接曲线。

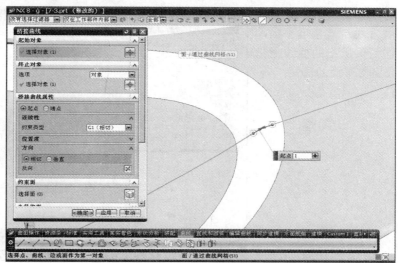

（34）用曲线网格命令构建新的面，指定面与四周的面相切，所有的曲面就构建完成。

缝合所有曲面完成勺子实体。

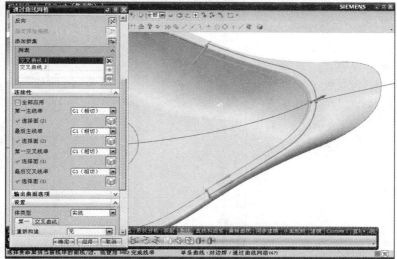

（35）测量手柄上方圆孔的大小与位置。

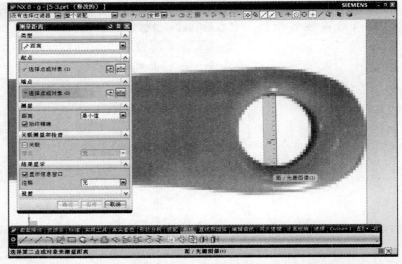

（36）用曲线和点的方式新建基准平面，在箭头所指的曲线上指定基准平面的位置。

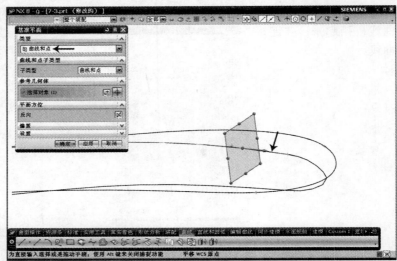

（37）求出基准面与曲线1的交点，通过交点在基准面上沿Z轴画出曲线2，移动WCS坐标到交点上，并使Z轴与曲线2重合。

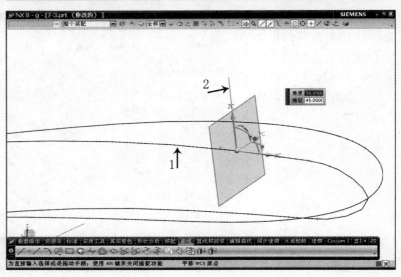

（38）在 WCS 的 XY 平面上绘制圆，经过前两步的操作，基本上圆垂直于手柄曲面。

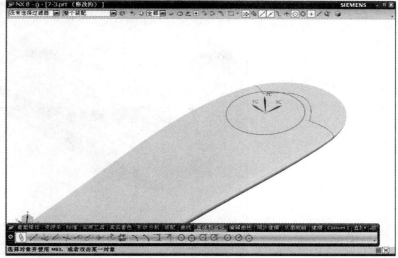

（39）拉伸圆成圆柱体，用勺子实体剪去圆柱体。

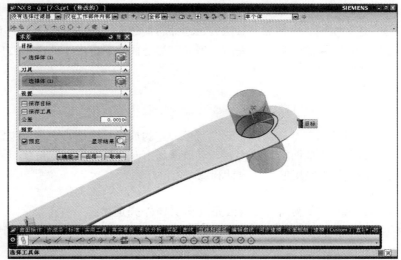

（40）对修剪出的圆孔进行边倒圆操作。

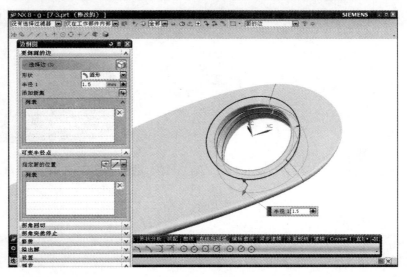

（41）全部操作完成，进入真实着色模式观察实体。

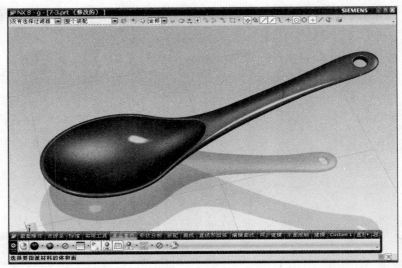

总结：

这个实例当中曲面的做法有三边面转四边面、勺子前端圆形曲面的构建、前后二段过渡连接、缺陷面的调整、渐失面的生成等都是曲面建模当中的常用技巧，读者要理解这些技巧须多多练习。

经过前面三个实例读者已经有了一定的曲面构建能力，下面进行另一种曲面构建练习，由点数据完成曲面模型的构建。点数据是由专业的三坐标测量仪得到的，由点云完成模型也是实际工作中常用的产品设计和制造方法。

7.3.4 实例4 由点云完成车后镜外壳造型

完成如图7-12所示的曲面造型，根据已有的点云数据，要求造型光顺性为相切。

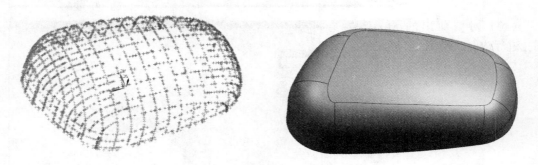

图7-12 曲面造型实例4

分析：

这是一个结构比较简单的模型，在造型的时候将模型分成四周及顶部五个片体，片体之间用倒圆的命令完成过渡。

（1）打开随书光盘里的点数据文件。

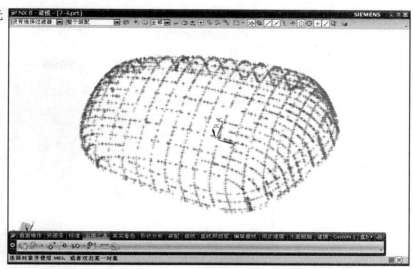

（2）隐藏掉大部分的点，只留下底部的点，并用三个点画出一个大圆，注意要选跨度大的点。

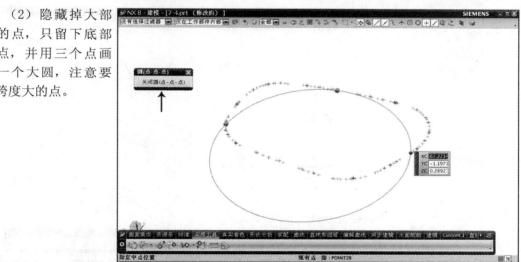

（3）以圆为对象新建一个基准平面，这个基准平面是与圆同面的。

因为点云数据不可能正好和软件的坐标系统一致，所以为了准确性这里要新建一个符合模型的基准平面。

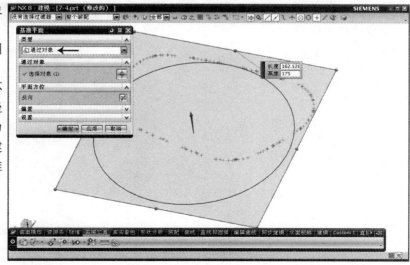

（4）将 WCS 工作坐标系与新建的基准平面对齐，这样就根据模型的方位建立了坐标系。

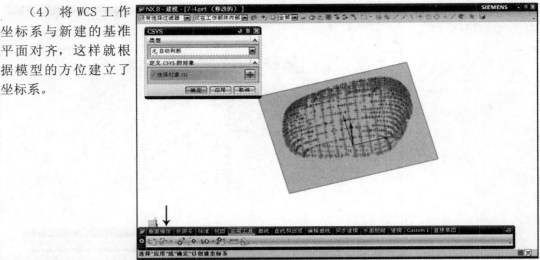

（5）通过捕捉箭头所指区域的两个点，在模型侧边的中间位置画一条直线。

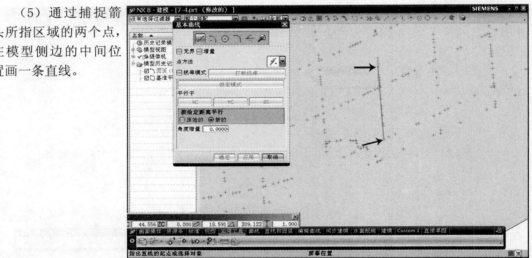

（6）在四边画出四条直线，并将直线拉长。

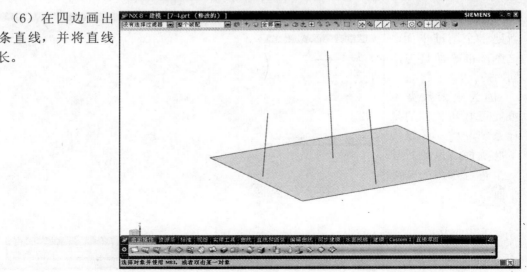

（7）捕捉底部箭头所指区域的三个点，画出底边的弧形。

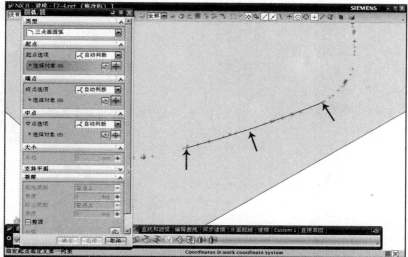

（8）依次将四边底面的弧线完成，如图所示的四条弧线。

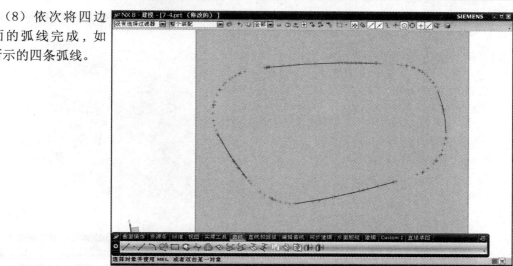

（9）将四条弧线拉长并保证曲线之间都相交。

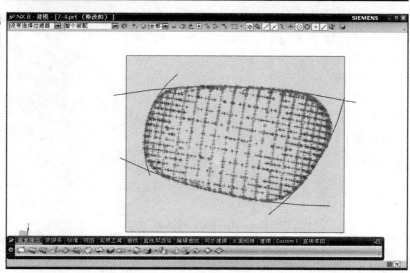

（10）曲线 1 为前面捕捉两点所画的直线，曲线 2 是新建的并且平行于 Z 轴，片体 3 是由曲线 2 沿 Y 轴拉伸出来的。

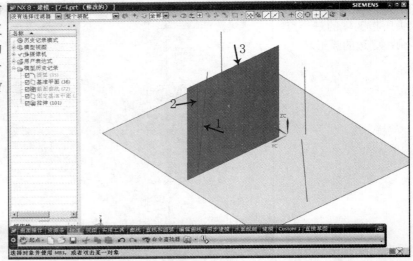

（11）箭头所指的曲线，是上步中曲线 1 沿 X 轴投影到片体 3 上的。

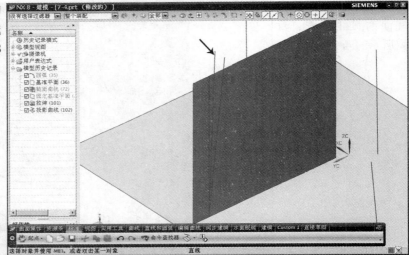

（12）用测量角度工具，测量箭头所指两根直线的角度，并得到一个数值。

前两步的操作就是为了测这个值，这样测出来的值就是曲线与 Z 轴的夹角。

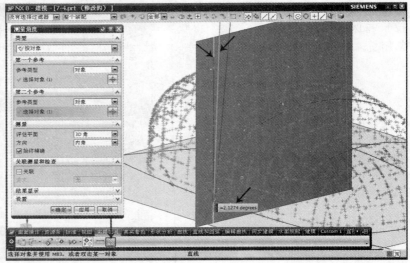

（13）拉伸底边曲线，并输入一个拔模角度，角度值就是刚刚测量的角度，还要向下拉伸一段距离。

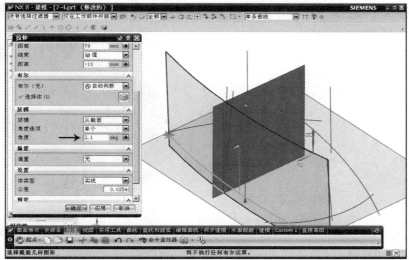

（14）同样的方法将四个侧边拉伸出来，并把基准平面向上复制，复制的距离要高于模型的最高点。

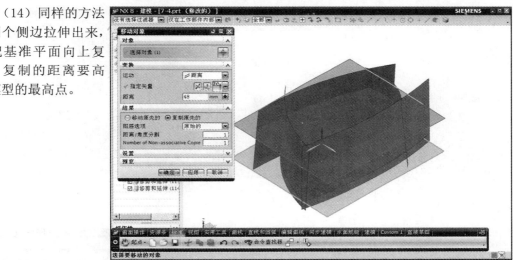

（15）用上方基准平面修剪四个片体，使片体处于同一水平高度。

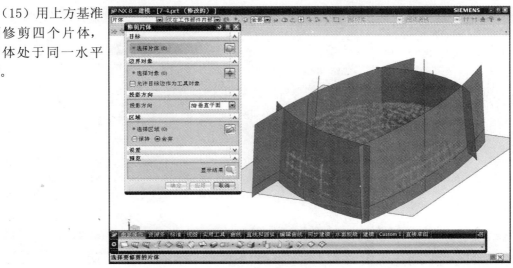

（16）用下方基准平面修剪四个片体，使片体的下边高度为0。

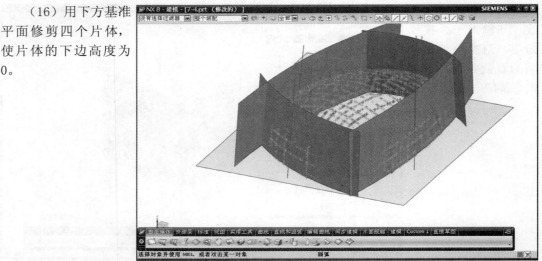

（17）用修剪与延伸命令，做出四个侧边的拐角。

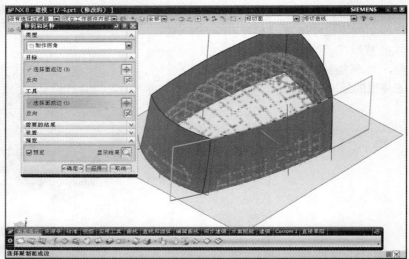

（18）在拐角处通过三点画圆，尽量使圆的形状与数据点相符合。

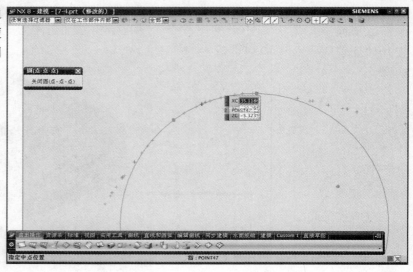

（19）用信息命令查看所画圆的信息，并找到圆的半径值，根据这个值估算出这个角的边倒圆半径值为38。

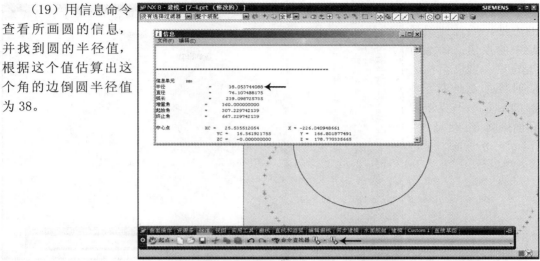

（20）同样的方法求出四个角边倒圆的半径值，执行边倒圆命令，得到如图所示的图形。

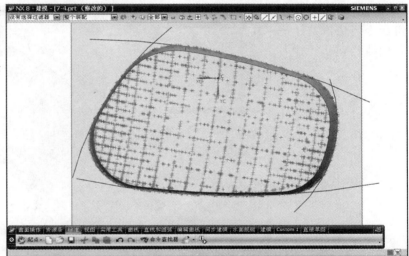

（21）隐藏掉下半部分的点，进行上顶面的构建。

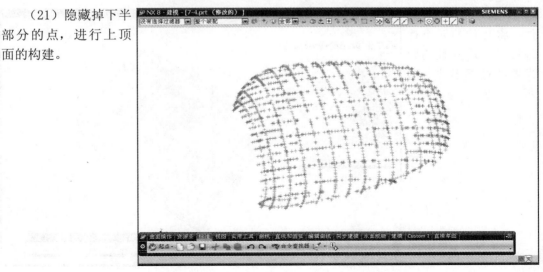

（22）用三点画弧的方法，通过捕捉场景中的点建立箭头所指的三条圆弧，构建的时候主要是表现顶部的形状，不要涉及顶面倒圆角的区域。

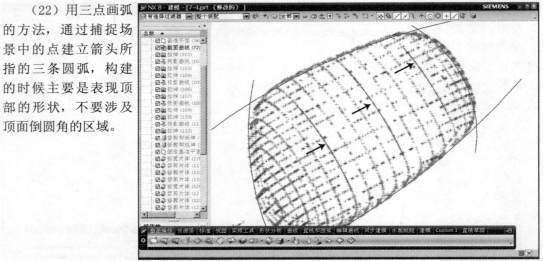

（23）用通过曲线组命令，依次选中三条曲线构建出一个片体。

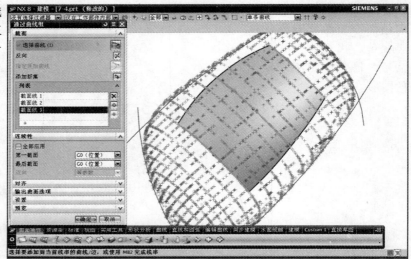

（24）用修剪与延伸，将片体的四个边进行延长，延长的距离要超过下半部分的四个侧边。

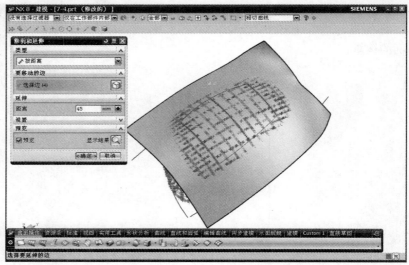

（25）将四个侧边
显示出来得到如图所
示的形状。

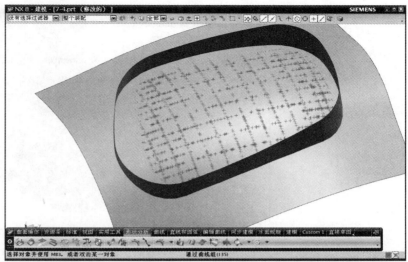

（26）对底面和侧
边用修剪与延伸命令
制作出拐角。

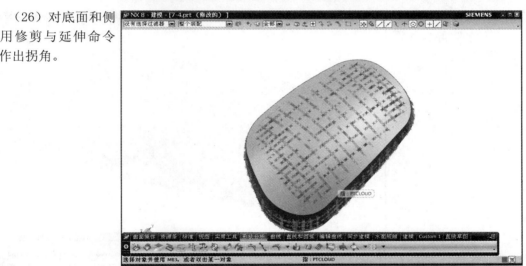

（27）用边倒圆对
顶边进行倒圆操作，
并在四条边的中间位
置设四个可变半径点。

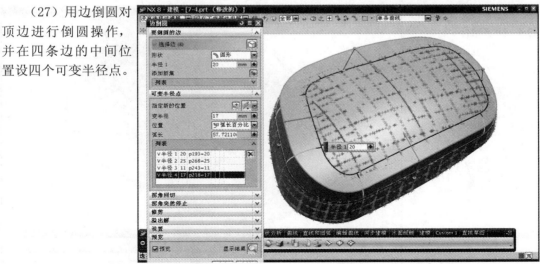

（28）调整四个节点的半径值，并用"显示结果"功能查看效果，不断修正半径值（也可以用三点画圆的方法得到半径值）。

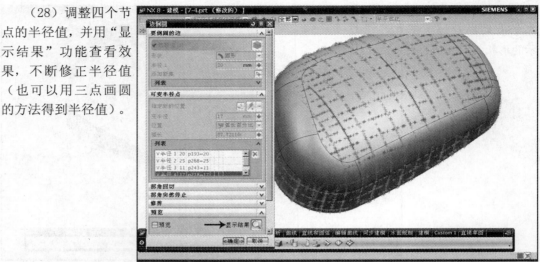

（29）调整好后，点"确定"得到如图所示的模型。

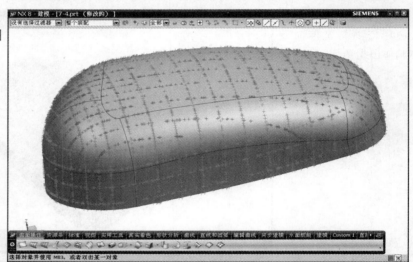

（30）缝合片体并进行加厚操作。

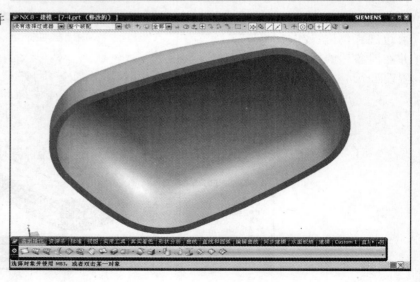

总结：

　　点云逆向造型操作，要设定操作的基准平面和坐标。如果坐标不对，很多命令就会受影响。并不是所有的点都要参与操作，构线的过程只选小部分点就可以了，但是曲线要能反映出片体的形状规律。造型过程尽量使用圆弧、直线、艺术样条这类规律性的曲线，片体之间的过渡以边倒圆和面倒圆为主，注意利用软件当中的测量功能。

7.3.5　实例 5　由点云完成吸尘器外壳造型

完成如图 7-13 所示的曲面造型，根据已有的点云数据，要求造型光顺性为相切。

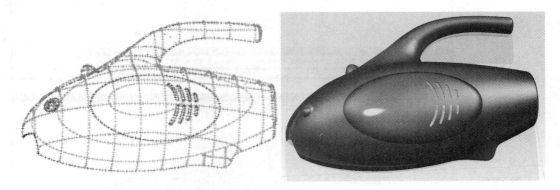

图 7-13　曲面造型实例 5

分析：

　　这个实例的逆向过程要比前面的造型复杂，但是操作规律是一样的，实例当中有一些细节部分需要处理，操作方法是先整体后局部再过渡。还有一点，这个模型是要和另一半相对称的，所以在构建时要保证与底边相切。

　　（1）打开本书配套光盘里的点云文件。

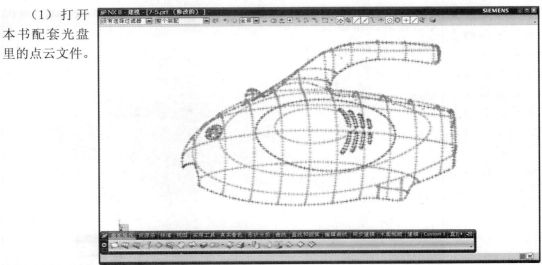

（2）捕捉最底部的三个点，画一个大圆。

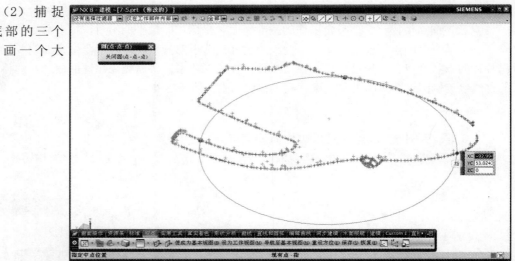

（3）用圆设定一个基准平面，并将 WCS 设定在这个基准平面之上。

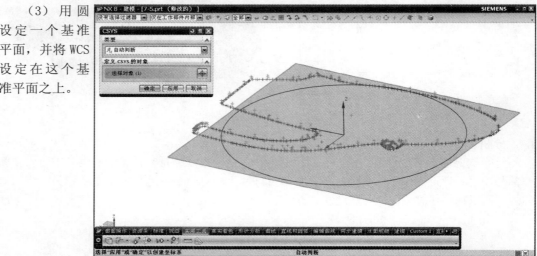

（4）只显示最底部的点（可以用颜色过滤器选择），将点全部投影到基准平面上替换原来的点（原始的点不能保证在一个平面上）。

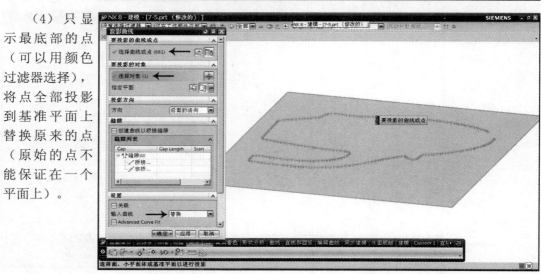

（5）画出箭头所指的三根曲线，可以用艺术样条也可以分段画弧再桥接。

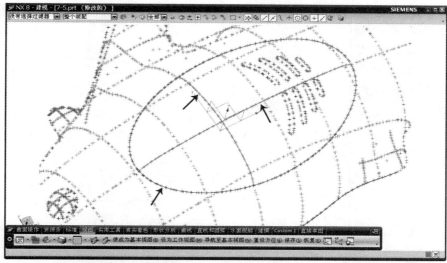

（6）用箭头所指的两根曲线生成艺术曲面，再通过一个与外围曲线相近的图形剪切成如图所示的面。

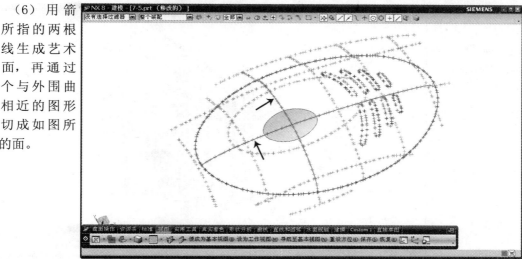

（7）用曲线网格构建上盖的面。

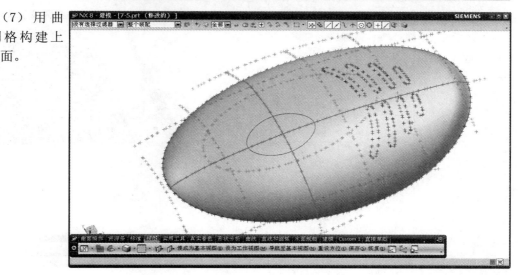

（8）构建如图所示的底边轮廓，箭头所指的地方通过桥接曲线得到。

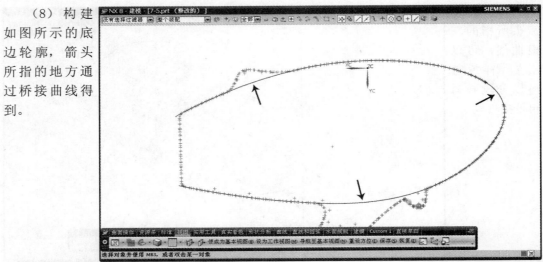

（9）新建箭头所指的直线，垂直拉伸出两个片体。

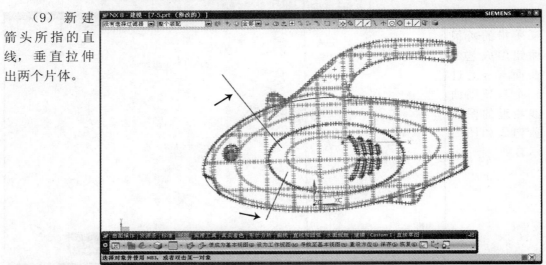

（10）新建箭头所指的圆弧，圆弧一定要穿过片体。

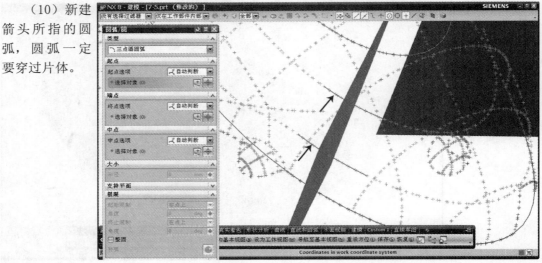

（11）画出箭头所指的四条曲线与面的交点。

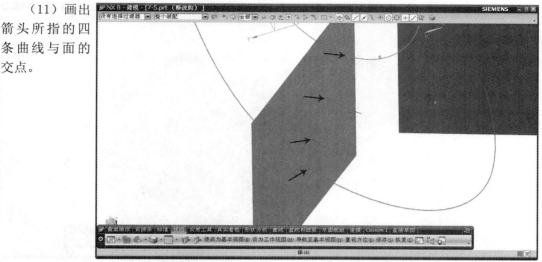

（12）用艺术样条连接四个点，得到箭头所指的曲线1，要保证曲线1与直线2相切。

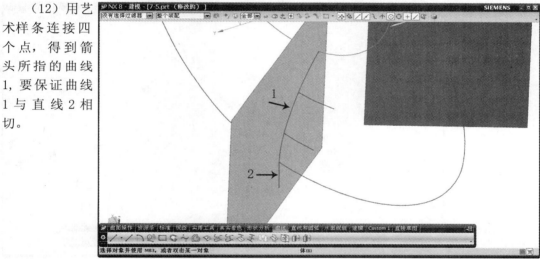

（13）重复前两步，得到右侧箭头所指的曲线，用箭头所指的四条曲线构建网格曲面（曲面要与下方的面相切）。

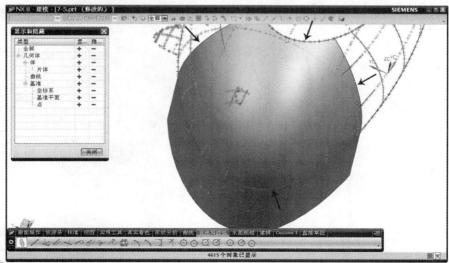

（14）刚构建的曲面并不贴合点，用同样（9-12 步）的方法画箭头所指的曲线，并用曲线重新构建上一步的片体。

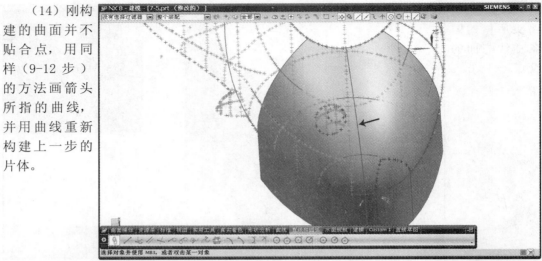

（15）画出箭头所示的三条曲线。

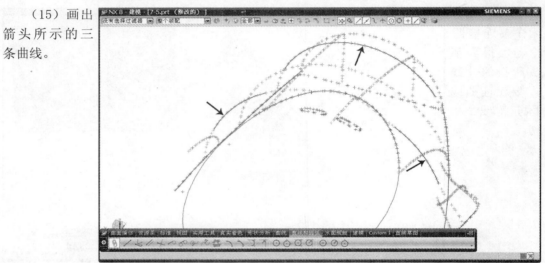

（16）拉伸出图中四个片体，求出片体的相交线，再把箭头所指的断开处用桥接曲线连接。

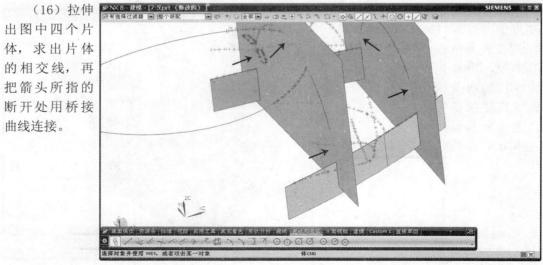

（17）用曲线网格构建如图所示的曲面。

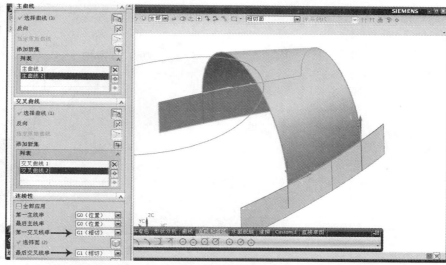

（18）观察发现箭头所指的区域不贴合点。

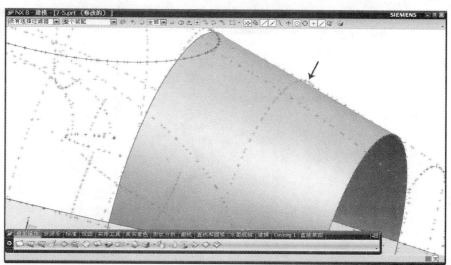

（19）用同样的方法（9-12步），添加箭头所指的曲线。

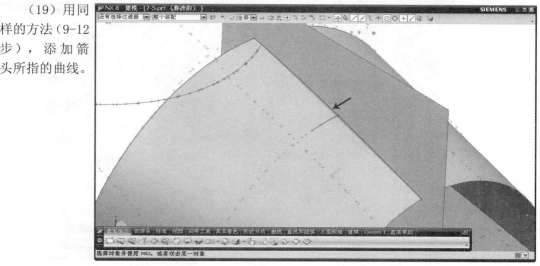

（20）重新调整后的曲面。

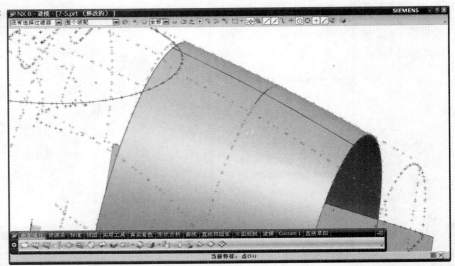

（21）用扫掠命令，曲线 1 为截面线，曲线 2、3、4 为引导线，构建新的曲面。

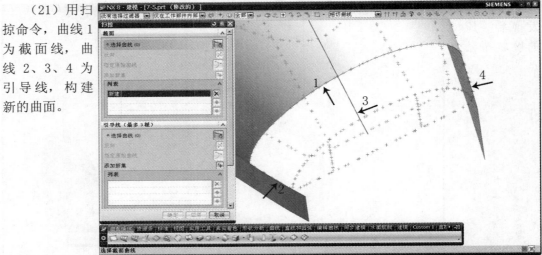

（22）用面反射发现，扫掠出的曲面与前面曲面之间的光顺性不够理想。

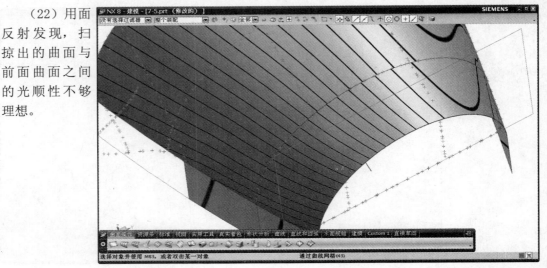

（23）将扫掠得到的曲面的边线提取，并缩短，得到上方箭头所指的曲线，再与下方两根边线桥接。

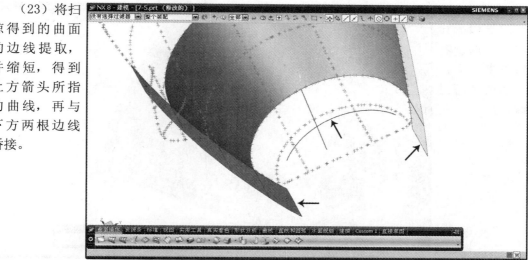

（24）用上步得到的曲线进行曲线网格操作，替代扫掠曲面，再次用面反射检查。

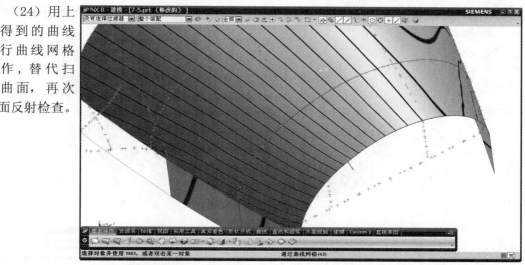

（25）画直线拉伸出一个新的片体。

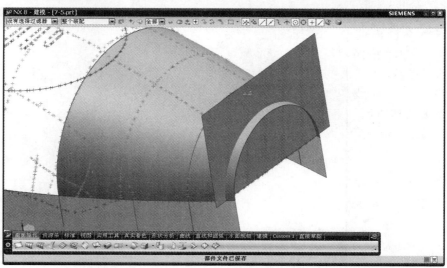

（26）两个曲面之间制作拐角，再进行边倒圆，完成曲面的圆角过渡。

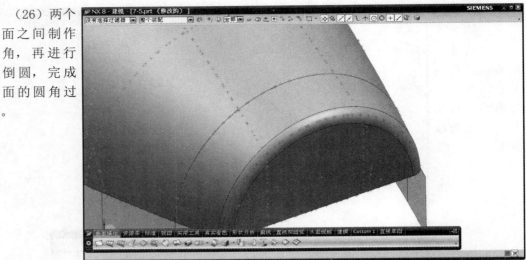

（27）画出箭头所指的三条曲线，并用曲线修剪片体，得到如图所示图形。

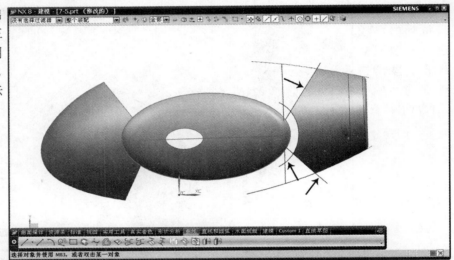

（28）用艺术样条画出曲线1、2，并保证与边线3、4相切，用曲线网格将曲面5、6连接起来。

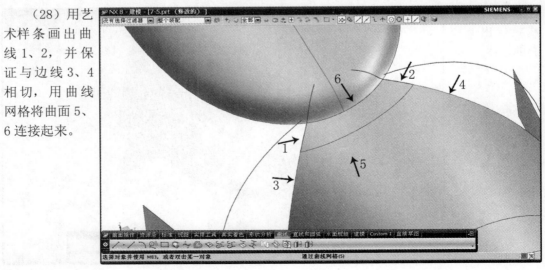

（29）用与前面相同的方法，画出箭头所指的两条曲线。

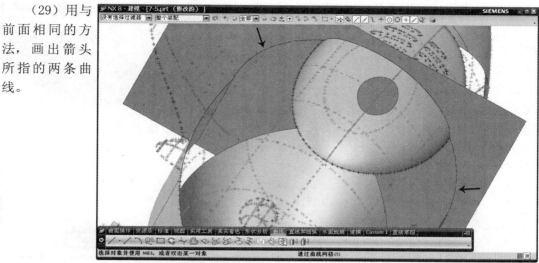

（30）通过曲线网格命令，把左右两边的曲面构建出来。

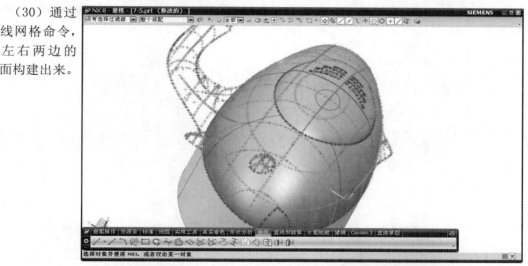

（31）在曲面上画曲线，画出上方箭头所指的曲线，并与下方的两条边线相切。

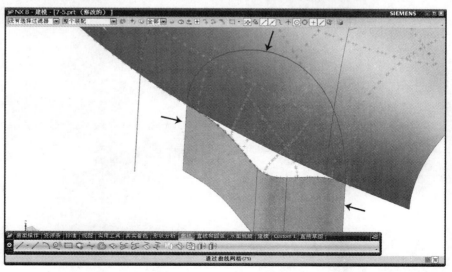

（32）用刚才的曲线修剪曲面，并在垂直视角上画出箭头所指的曲线，并拉伸出片体。

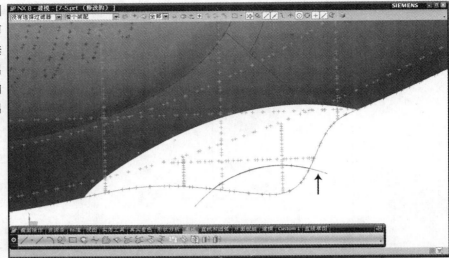

（33）用上步的片体求出相交线1、2，再构建箭头所指的几条曲线，注意曲线要与现有的面相切。

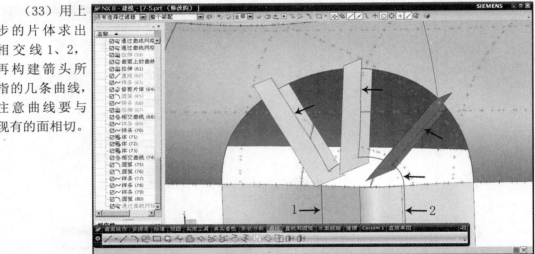

（34）用上步的曲线构建网格曲面。

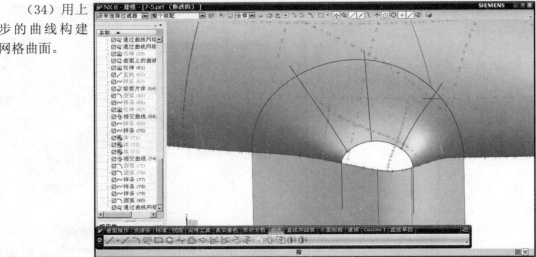

（35）对曲面进行修切，得到如图所示的图形，再构建箭头所示的曲线。

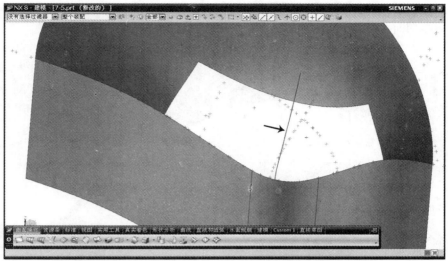

（36）用曲线网格命令补面，得到如图所示的图形。

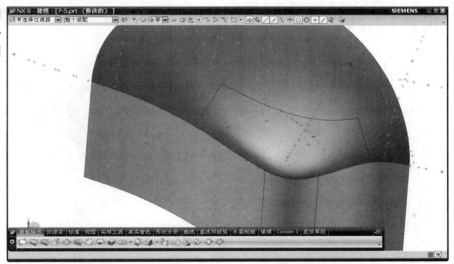

（37）继续构建新的曲线并拉伸，完成至如图所示。

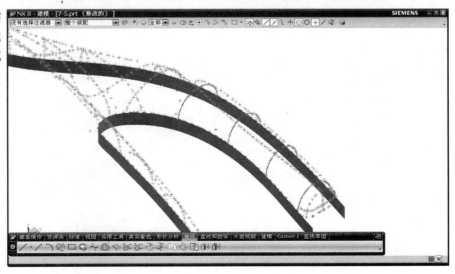

（38）新建
网格曲面。

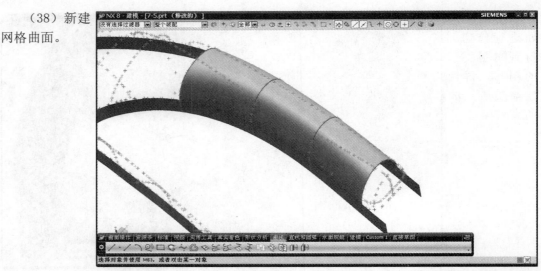

（39）完成
手柄部分的曲
面。

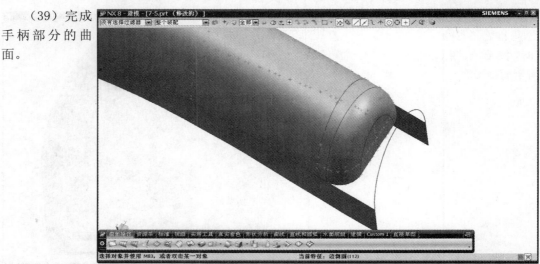

（40）根据
模型的走向，
构建箭头所示
的网格曲面。

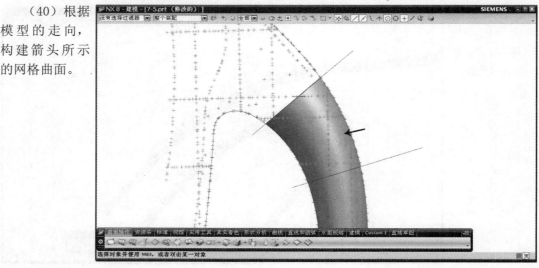

（41）构建箭头所指的曲线，并投影到两边的曲面上。

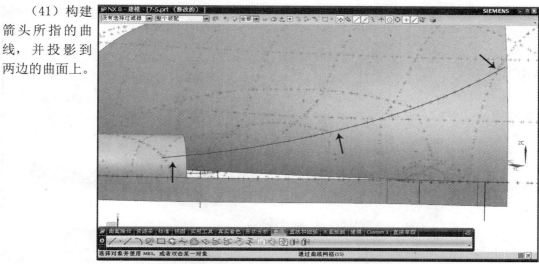

（42）缩短曲线，使它与曲面之间空开一定的距离。

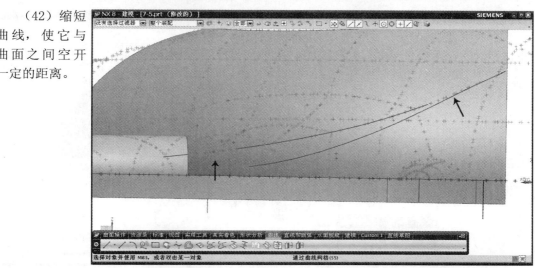

（43）在曲面上构建箭头所示的曲线。

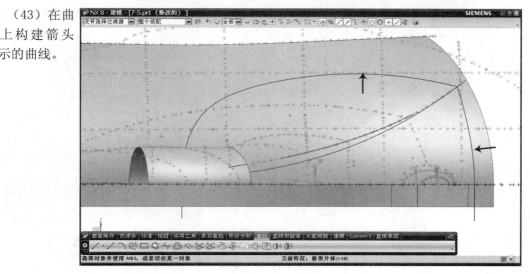

（44）修剪曲面，桥接出曲线1、2，构建出曲线3、4。

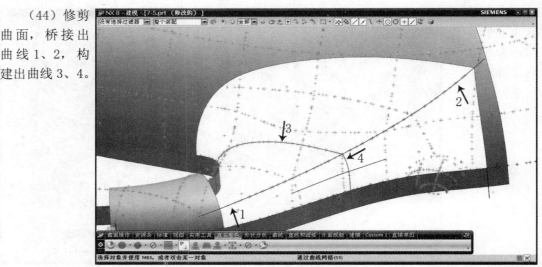

（45）用箭头所指的曲线构建过渡曲面。

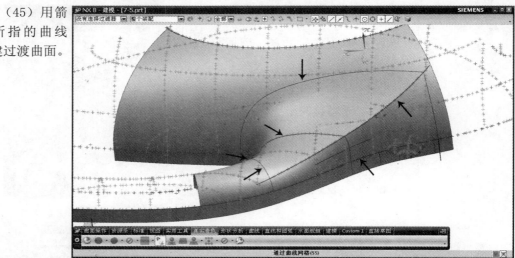

（46）添加箭头所指的曲线，并用它调整曲面。

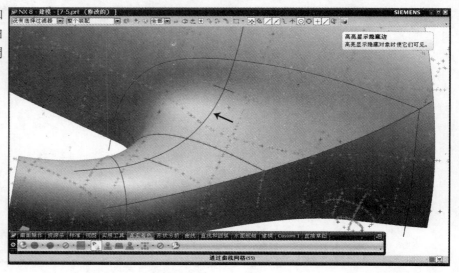

（47）继续构建曲线和曲面。

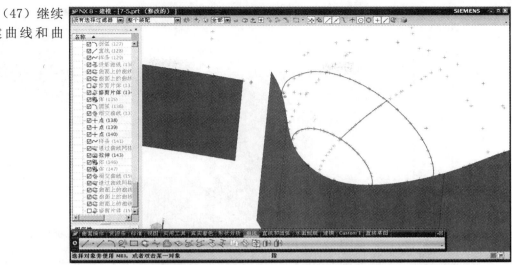

（48）先制作出曲面，再画出图中的三条曲线，并用曲线修剪曲面。

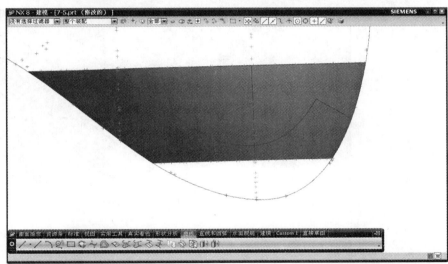

（49）完成曲面至如图所示的形状，添加曲线1、2、3。

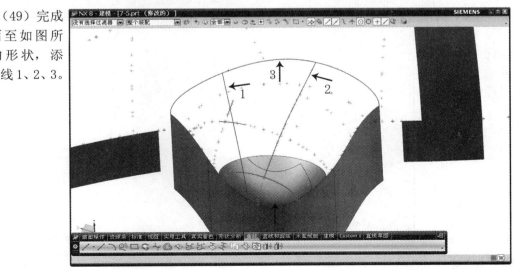

（50）添加箭头所指的曲线，并构建曲线网格。

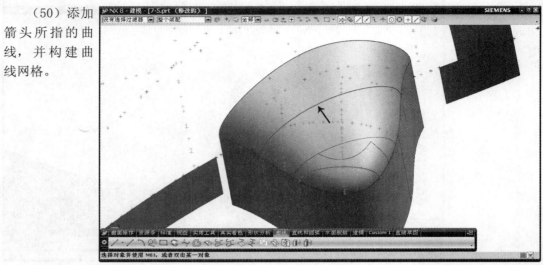

（51）制作拐角，并边倒圆。

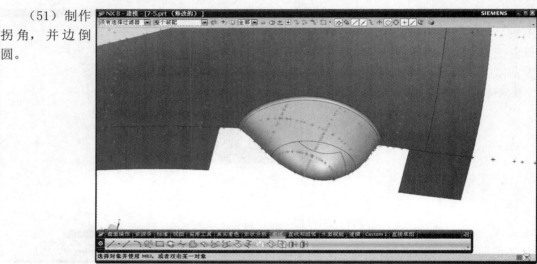

（52）进入草图模式，绘制曲线（这种排列规则的曲线用草图完成）。

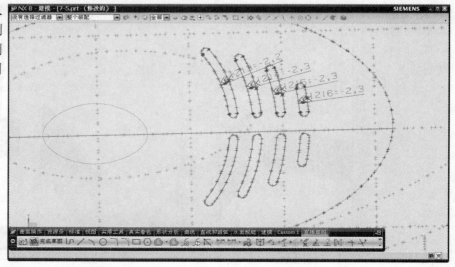

（53）用草图修剪上盖。

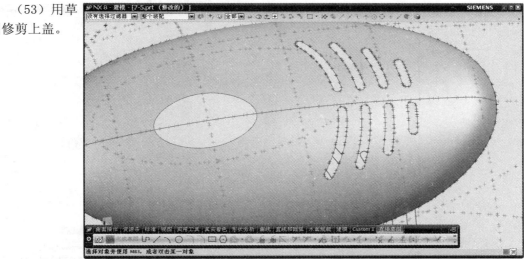

（54）构建图中箭头所指的曲线，将曲线与底边的垂直边线桥接上，然后再修剪曲面。

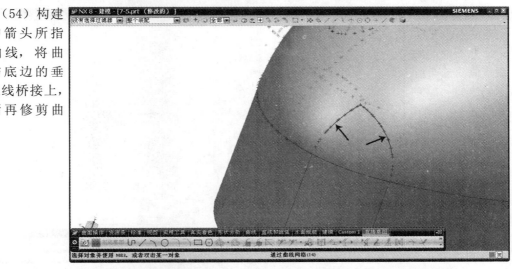

（55）完成修剪后的图形。

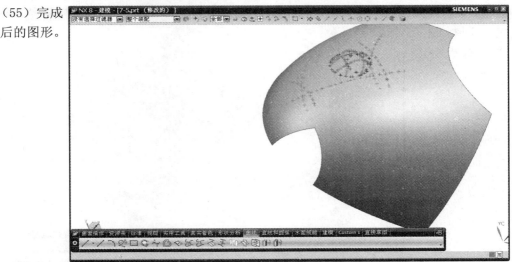

（56）三点画圆，再用圆形定义一个基准平面。

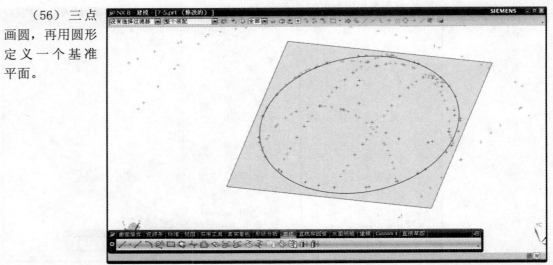

（57）将 WCS 定位在基准平面上，并沿圆的象限点画出箭头所示的直线，拉伸直线。

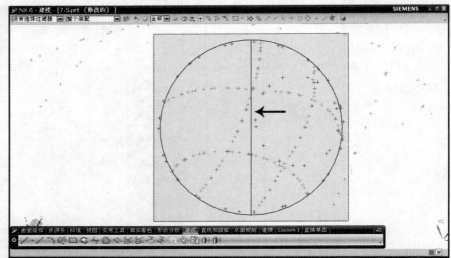

（58）通过箭头所指的三个点画出一个圆弧。

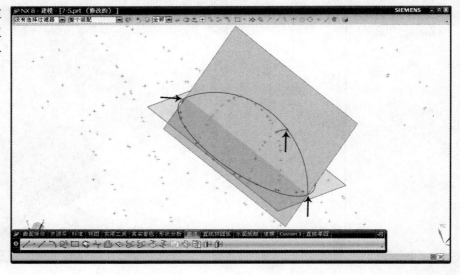

（59）以圆弧画球体。

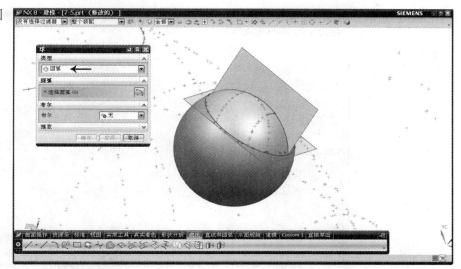

（60）同样的做法构建上面的小球体。

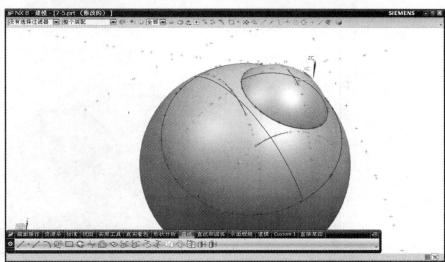

（61）打开分割体命令，用曲面对大球体进行分割，用大球体分割小球体。

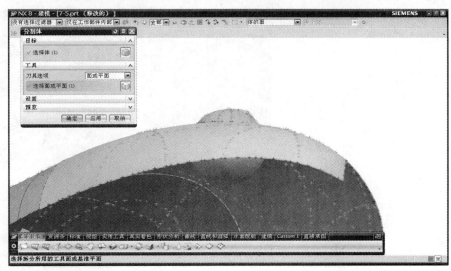

（62）用抽取体命令，分别抽取两个球面。

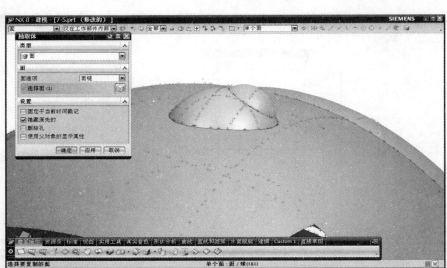

（63）隐藏不用的那部分球体，并修剪曲面和大球面，得到如图所示的图形。

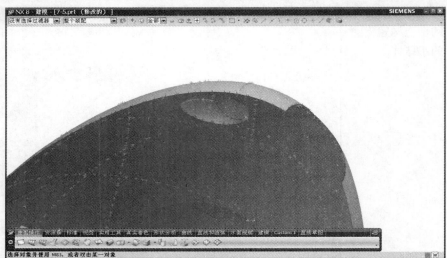

（64）这条边太尖锐了，可以光滑一点，在面上投影一条曲线。

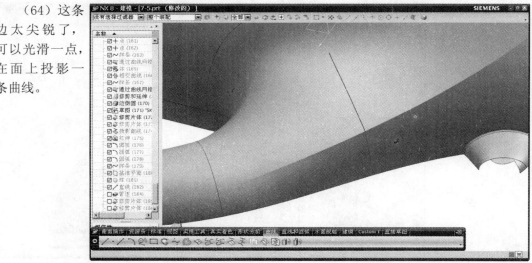

（65）沿原来的边线做一个管道。

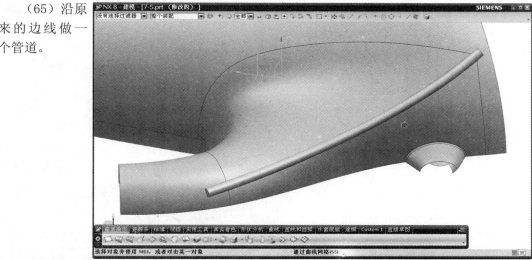

（66）用管道修剪曲面，并调整曲线。

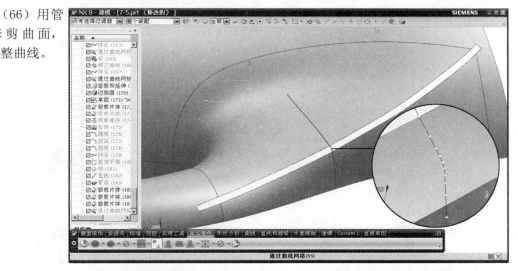

（67）用网格曲面修补曲面，完成所有细节。

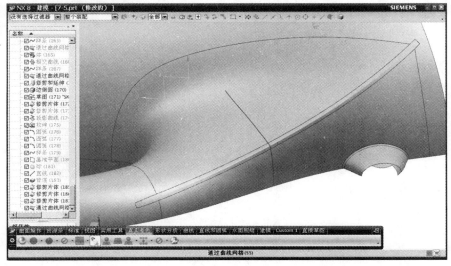

（68）缝合
所有的片面，
并加厚操作。

（69）真实
着色观察模型
的效果。

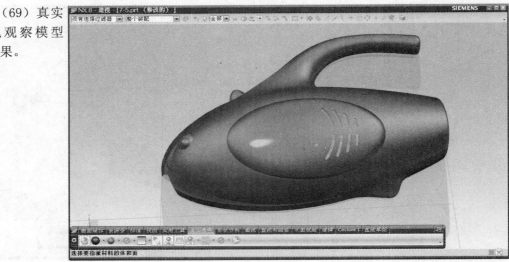

总结：

曲面造型部分至此全部介绍完了，NX 曲面造型的功能非常强大，读者只要多多练习充
分理解光顺性的实现方法，在操作中不断总结和发现问题，形成自己的一套操作思路，很快
就能完成更加复杂的曲面造型。

第 8 章　UG NX8.0 装配操作

NX 的三维功能除了可以单独构造三维模型，还可以把多个模型按一定的关联关系组合成成套的产品，这个过程就是装配。

本章重点
● 装配概述
● 装配实例

8.1　装配概述

对于成套的设备，需要把已经建好的各个模型组合起来，这个组合的过程就是装配。NX 的装配过程是在各个参与装配的部件之间建立链接关系，并通过关联条件在各个部件之间建立约束关系来确定部件在整套产品中的位置。装配时的部件是被引用的，而不是复制到装配文件中的，无论如何编辑、在何处编辑部件，整个装配产品都保持着关联性，如果部件修改了，那么引用这个部件的装配文件也跟着自动更新。NX 的装配模块在组合零部件的同时，也可以对零件进行编辑。

NX 软件系统里有一个装配工具条如图 8-1 所示，NX 的装配操作简单方便，操作命令也很容易理解，本书将通过一个实例介绍装配的使用流程。

图 8-1　装配工具条

8.2　装配实例

本实例将完成一个曲轴连杆活塞机构的装配，如图 8-2 所示。

实例主要介绍装配操作的流程和界面，装配模式和模型编辑模式的切换。装配操作灵活简单，读者稍加思考和练习就可以掌握 NX 的装配功能。

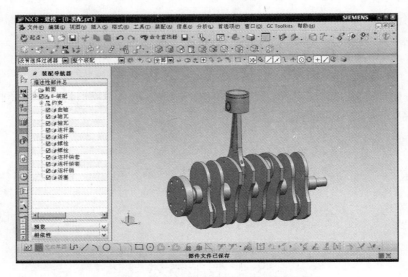

图 8-2　曲轴连杆活塞机构装配图

（1）新建文件，文件类型选择"装配"。

（2）进入添加组件对话框，添加第一个部件为曲轴模型，并将模型的定位设为"绝对原点"，这个设置会将模型文件的原点与装配文件的原点相重合。

（3）曲轴模型添加
完成，并在装配导航器
中显示出来。

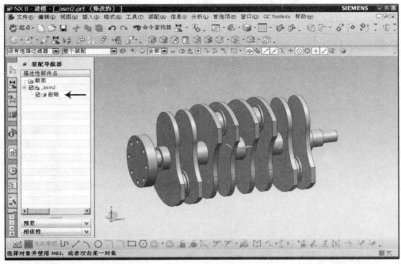

（4）对模型添加约
束条件，约束类型为"固
定"，这样曲轴模型的
位置就固定住了，如果
没有固定约束，在添加
后面的模型时，可能会
造成此模型变动。

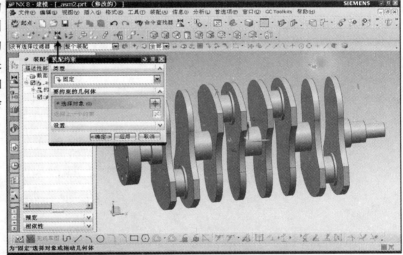

（5）点添加模型图
标，继续向场景中添加
模型，并选择轴瓦模型。

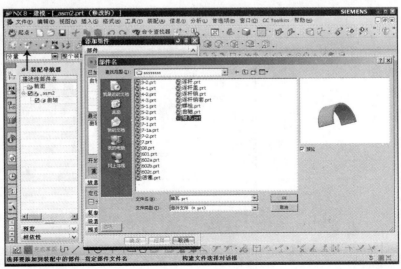

（6）将定位改为"通过约束"，点"应用"。

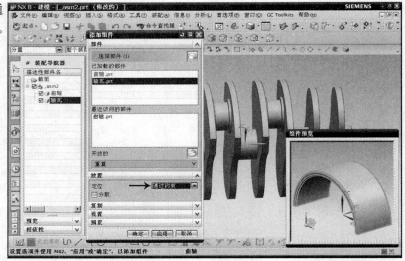

（7）将约束类型设为"接触对齐"下的"中心对齐"，并选择箭头所指的两个圆柱面，点"应用"，模型进入到场景中，图中方框里的就是轴瓦模型。

（8）将约束类型改为"接触对齐"下的"接触"，并选择箭头所指的两个表面，点"应用"，两个表面处于同一平面上。

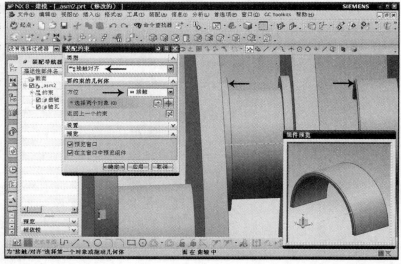

（9）将约束类型改为"垂直"，选择箭头所指的两个面，点"确定"，轴瓦模型变为水平放置。

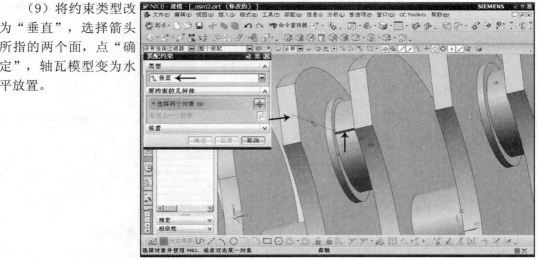

（10）重复（6）~（8）步再次添加轴瓦模型，新加的轴瓦模型在与第一个轴瓦模型相对位置不符合要求，用"接触"约束，选箭头所指的两个面，点"确定"完成两个轴瓦模型的定位。

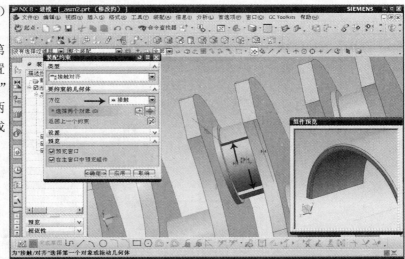

（11）以通过约束的方式添加连杆盖模型。

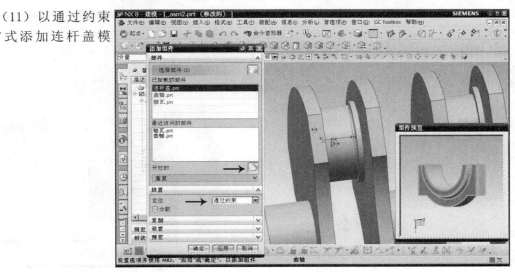

（12）添加"同轴心"与"接触"两步约束，使连杆盖的位置如图所示。

（13）通过"角度"约束，并选择箭头所指的两个面，调整两个面之间的角度，完成连杆盖朝上的要求。这里用角度约束而不用垂直约束，是因为如果垂直约束也可能使连杆盖朝下。

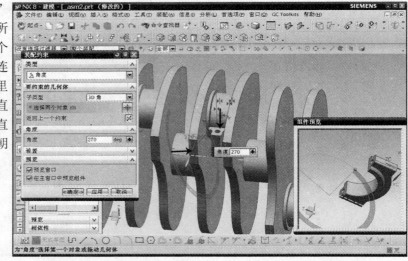

（14）添加连杆模型。

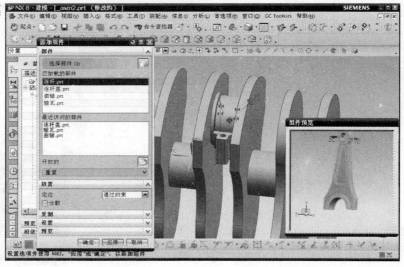

（15）用"同轴"和"拉触"两个约束命令，分三步将连杆定位在连杆盖上。

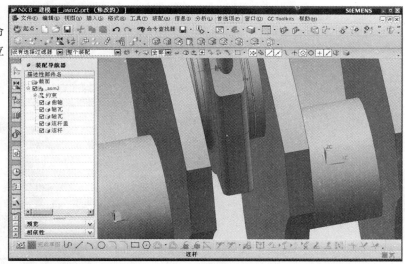

（16）添加连杆盖与连杆之间的连接螺栓，圆柱 1 与圆柱 2 为同轴约束，曲面 3 与曲面 4 为拉触约束。

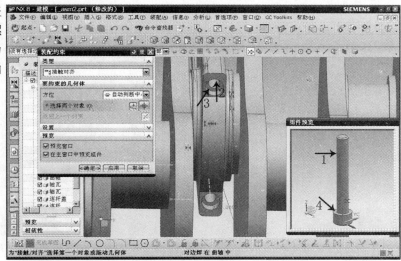

（17）将两个螺栓添加完成。

（18）用"同轴"和"接触"两个约束命令，分两步添加两个连杆销套模型。

（19）用"同轴"和"对齐"两个约束命令，添加连杆销模型。

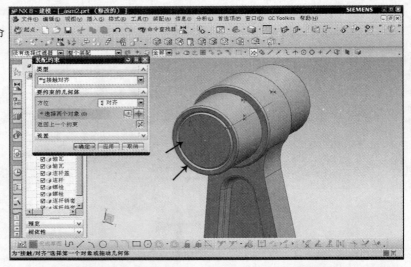

（20）同样的方法添加活塞模型。

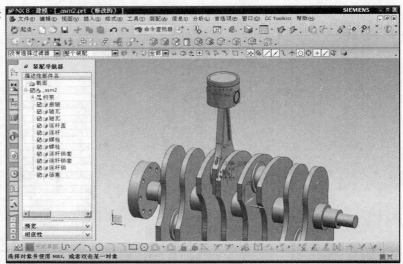

（21）将场景中装
配约束的图标隐藏。

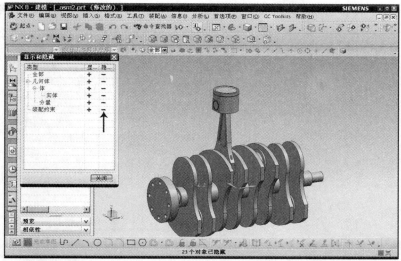

（22）查看装配导
航器中的装配约束历史
记录，双击记录就可以
打开该操作进行调整。

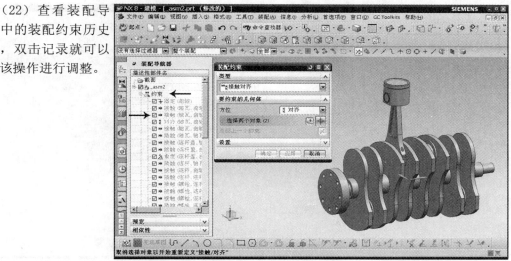

（23）双击装配导
航器里的连杆模型名
称，导航器中其它模型
图标产生了变化，场景
中除了连杆以外的模型
全为淡色显示，这时进
入连杆零件的编辑状
态，切换到部件导航器
时，出现构建连杆模型
的历史记录。

（24）打开同步建模的移动面命令，拉出图中方框所示的选取框，将选中的面向上移动 20。

（25）移动完成后，连杆模型产生变化，连杆销、连杆销套、活塞三个模型也同时产生了位移，查看部件导航器，连杆模型的历史记录表里出现了移动面的记录。

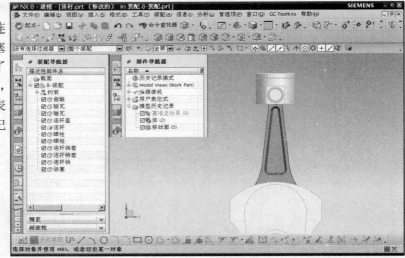

（26）双击装配导航器的装配文件名称，导航器中的各个模型图标和场景中的模型恢复原样，这时重新回到装配编辑状态，当切换到部件导航器时，发现没有模型的历史记录。

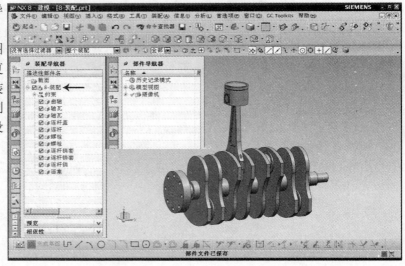